中国传统村落保护与发展系列丛书

国家出版基金项目

太湖流域传统村落规划改造和功能提升
——三山岛村传统村落保护与发展

刘晓峰 李 霞 周 丹 编著

中国建筑工业出版社

编委会

总编委会

专家组成员：

李先逵　单德启　陆　琦　赵中枢　邓　千　彭震伟　赵　辉　胡永旭

总主编：

陈继军

委员：

陈　硕　罗景烈　李志新　单彦名　高朝暄　郝之颖　钱　川　王　军（中国城市规划设计研究院）
靳亦冰　朴玉顺　林　琢　吉少雯　刘晓峰　李　霞　周　丹　朱春晓　俞骥白　余　毅
王　帅　唐　旭　李东禧

参编单位：

中国建筑设计研究院有限公司、中国城市规划设计研究院、中规院（北京）规划设计公司、福州市规划设计研究院、华南理工大学、西安建筑科技大学、四川美术学院、昆明理工大学、哈尔滨工业大学、沈阳建筑大学、苏州科技大学、中国民族建筑研究会

本册编委会

主编：

刘晓峰　李　霞　周　丹

参编人员：

于代宗　王　萌　郭　星　安　艺　赵　璐

审稿人：

冯新刚

总 序

传统村落，又称古村落，指村落形成较早，拥有较丰富的文化与自然资源，具有一定历史、文化、科学、艺术、经济、社会价值，应予以保护的村落。

我国是人类较早进入农耕社会和聚落定居的国家，新石器时代考古发掘表明，人类新石器时代聚落遗址70%以上在中国。农耕文明以来，我国形成并出现了不计其数的古村落。尽管曾遭受战乱和建设性破坏，其中具有重大历史文化遗产价值的古村落依然基数巨大，存量众多。在世界文化遗产类型中，中国古村落集中国古文化、规划技术、营建技术、工艺技术、材料技术等之大成，信息蕴含量巨大，具有极高的文化、艺术、技术、工艺价值和人类历史文化遗产不可替代的唯一性，不可再生、不可循环，一旦消失则永远不能再现。

传统村落是中华文明体系的重要组成部分，是中国农耕文明的精粹、乡土中国的活化石，是凝固的历史载体、看得见的乡愁、不可复制的文化遗存。传统村落的保护和发展就是工业化、城镇化过程中对于物质文化遗产、非物质文化遗产以及传统文化的保护，也是当下实施乡村振兴战略的主要抓手之一，更是在新时代推进乡村振兴战略下不可忽视的极为重要的资源与潜在力量。

党中央历来高度关注我国传统村落的保护与发展。习近平总书记一直以来十分重视传统村落的保护工作，2002年在福建任职期间为《福州古厝》一书所作的序中提及："保护好古建筑、保护好文物就是保存历史、保存城市的文脉、保存历史文化名城无形的优良传统。"2013年7月22日，他在湖北鄂州市长港镇峒山村考察时又指出："建设美丽乡村，不能大拆大建，特别是古村落要保护好"。2013年12月，习近平总书记在中央城镇化工作会议上发出号召："要依托现有山水脉络等独特风光，让城市融入大自然；让居民望得见山、看得见水、记得住乡愁。"2015年，他在云南大理白族自治州大理市湾桥镇古生村考察时，再次要求："新农村建设一定要走符合农村的建设路子，农村要留得住绿水青山，记得住乡愁"。

传统村落作为人类共同的文化遗产，其保护和技术传承一直被国际社会高度关注。我国先后签署了《关于古迹遗址保护与修复的国际宪章》（威尼斯宪章）、《关于历史性小城镇保护的国际研讨会的决议》、《关于小聚落再生的宣言》等条约和宣言，保护和传承历史文化村镇文化遗产，是作为发展中大国的中国必须担当的历史责任。我国2002年修订的《文物保护法》将村镇纳入保护范围。国务院《历史文化名城名镇名村保护条例》对传统村落保护规划和技术传承作出了更明确的规定。

近年来，我国加强了对传统村落的保护力度和范围，传统村落已成为我国文化遗产保护体系中的重要内容。自传统村落的概念提出以来，至2017年年底，住房和城乡建设部、文化部、国家文物局、财政部、国土资源部、农业部、国家旅游局等相关部委联合公布了四批共计4153个中国传统村落，颁布了《关于加强传统村落保护发展工作的指导意见》等相关政策文件，各级政府和行业组织也制定了相应措施和方案，特别是在乡村振兴战略指引下，各地传统村落保护工作蓬勃开展。

我国传统村落面广量大，地域分异明显，具有高度的复杂性和综合性。传统村落的保护与发展，亟需解决大多数保护意识淡薄与局部保护开发过度的不平衡、现代生活方式的诉求与传统物质空间的不适应、环境容量的有限性与人口不断增长的不匹配、保护利用要求与经济条件发展相违背、局部技术应用与全面保护与提升的不协调等诸多矛盾。现阶段，迫切需要优先解决传统村落保护规划和技术传承面临的诸多问题：传统村落价值认识与体系化构建不足、传统村落适应性保护及利用技术研发短缺、传统村落民居结构安全性能低下、传统民居营建工艺保护与传承关键技术亟待突破，不同地域和经济发展条件下传统村落保护和发展亟需应用示范经验借鉴等。

另一方面，随着我国城镇化进程的加快，在乡村工业化、村落城镇化、农民市民化、城乡一体化的大趋势下，伴随着一个个城市群、新市镇的崛起，传统村落正在大规模消失，村落文化也在快速衰败，我国传统村落的保护和功能提升迫在眉睫。

在此背景之下，科学技术部与住房和城乡建设部在国家"十二五"科技支撑计划中，启动了"传统村落保护规划与技术传承关键技术研究"项目（项目编号：2014BAL06B00）研究，项目由中国建筑设计研究院有限公司联合中国城市规划设计研究院、华南理工大学、西安建筑科技大学、四川美术学院、湖南大学、福州市规划设计研究院、广州大学、郑州大学、中国建筑科学研究院、昆明理工大学、长安大学、哈尔滨工业大学等多个大专院校和科研机构共同承担。项目围绕当前传统村落保护与传承的突出难点和问题，以经济性、实用性、系统性和可持续发展为出发点，开展了传统村落适应性保护及利用、传统村落基础设施完善与使用功能拓展、传统民居结构安全性能提升、传统民居营建工艺传承、保护与利用等关键技术研究，建立了传统村落保护与发展的成套技术应用体系和技术支撑基础，为大规模开展传统村落保护和传承工作提供了一个可参照、可实施的工作样板，探索了不同地域和经济发展条件下传统村落保护和利用的开放式、可持续的应用推广机制，有效提升了我国传统村落保护和可持续发展水平。

中国建筑设计研究院有限公司联合福州市规划设计研究院、中国城市规划设计研究院等单位共同承担了"传统村落保护规划与技术传承关键技术研究"项目"传统村落规划改造及民居功能综合提升技术集成与示范"课题（课题编号：2014BAL06B05）的研究与开发工作，基于以上课题研究和相关集成示范工作成果以及西北和东北地区传统村落保护与发展的相关研究成果，形成了《中国传统村落保护与发展系列丛书》。

丛书针对当前我国传统村落保护与发展所面临的突出问题，系统地提出了传统村落适应性保护及利用，传统村落基础设施完善与使用功能拓展，传统民居结构安全性能提升，传统营建工艺传承、保护与利用等关键技术于一体的技术集成框架和应用体系，结合已经开展的我国西北、华北、东北、太湖流域、皖南徽州、赣中、川渝、福州、云贵少数民族地区等多个地区的传统村落规划改造和民居功能综合提升的案例分析和经验总结，为全国各个地区传统村落保护与发展提供了可借鉴、可实施的工作样板。

《中国传统村落保护与发展系列丛书》主要包括以下内容：

系列丛书分册一《福州传统建筑保护修缮导则》以福州地区传统建筑修缮保护的长期实践经验为基础，强调传统与现代的结合，注重提升传统建筑修缮的普适性与地域性，将所有需要保护的内容、名称分解到各个细节，图文并茂，制定一系列用于福州地区传统建筑保护的大木作、小木作、土作、石作、油漆作等具体技术规程。本书由福州市城市规划设计研究院罗景烈主持编写。

系列丛书分册二《传统村落保护与传承适宜技术与产品图例》以经济性、实用性、系统性和可持续发展为出发点，系统地整理和总结了传统村落保护与发展亟需的传统村落基础设施完善与使用功能拓展，传统民居结构安全性能提升，传统民居营建工艺传承、保护与利用等多项技术与产品，形成当前传统村落保护与发展过程中可以借鉴并采用的适宜技术与产品集合。本书由中国建筑设计研究院有限公司陈继军主持编写。

系列丛书分册三《太湖流域传统村落规划改造和功能提升——三山岛村传统村落保护与发展》作者团队系统调研了太湖流域吴文化核心区的传统村落，特别是系统研究了苏州太湖流域传统村落群的选址、建设、演变和文化等特征，并以苏州市吴中区东山镇三山岛村作为传统村落规划改造和功能提升关键技术示范点，开展了传统村落空间与建筑一体化规划、江南水乡地区传统民居结构和功能综合提升、苏州吴文化核心区传统村落群保护和传承规划、传统村落基础设施规划改造等集成与示范，对集成与示范成果进行编辑整理。本书由中国建筑设计研究院有限公司刘晓峰主持编写。

系列丛书分册四《北方地区传统村落规划改造和功能提升——梁村、冉庄村传统村落保护与发展》作者团队以山西、河北等省市为重点，调查研究了北方地区传统村落的选址、格局、演变、建筑等特征，并以山西省平遥县岳壁乡梁村作为传统村落规划改造和功能提升关键技术示范点，开展了北方地区传统民居结构和功能综合提升、传统历史街巷的空间和景观风貌规划改造、传统村落基础设施规划改造、传统村落生态环境改善等关键技术集成与示范，对集成与示范成果进行编辑整理。本书由中国建筑设计研究院有限公司林琢主持编写。

系列丛书分册五《皖南徽州地区传统村落规划改造和功能提升——黄村传统村落保护与发展》作者团队以徽派建筑集中的老徽州地区一府六县为重点，调查研究了皖南徽州地区传统村落的选址、格局、演变、建筑等特征，并以安徽省休宁县黄村作为传统村落规划改造和功能提升关键技术示范点，开展了传统村落选址与空间形态风貌规划、徽州地区传统民居结构和功能综合提升、传统村落人居环境和基础设施规划改造等的关键技术集成与示范，对集成与示范成果进行编辑整理。本书由中国建筑设计研究院有限公司李志新主持编写。

系列丛书分册六《福州地区传统村落规划更新和功能提升——宜夏村传统村落保护与发展》作者团队以福建省中西部地区为重点，调查研究了福州地区传统村落的选址、格局、演变、建筑等特征，并以福建省福州市鼓岭景区宜夏村作为传统村落规划改造和功提升关键技术示范点，开展了传统村落空间保护和有机更新规划、传统村落景观风貌的规划与评价、传统村落产业发展布局、传统民居结构安全与性能提升、传统村落人居环境和基础设施规划改造等的关键技术集成与示范，对集成与示范成果进行编辑整理。本书由福州市城市规划设计研究院陈硕主持编写。

系列丛书分册七《赣中地区传统村落规划改善和功能提升——湖州村传统村落保护与发展》作者团队以江西省中部地区为重点，调查研究了赣中地区传统村落的选址、格局、演变、建筑等特征，并以江西省峡江县湖洲村作为传统村落规划改造和功能提升关键技术示范点，开展了传统村落选址与空间形态风貌规划、赣中地区传统民居结构和功能综合提升、传统村落人居环境和基础设施规划等的关键技术集成与示范，对集成与示范成果进行编辑整理。本书由中国城市规划设计研究院郝之颖主持编写。

系列丛书分册八《云贵少数民族地区传统村落规划改造和功能提升——碗窑村传统村落保护与发展》作者团队以云南、贵州省为重点，调查研究了云贵少数民族地区传统村落的选址、格局、演变、建筑和文化等特征，并以云南省临沧市博尚镇碗窑村作为传统村落规划改造和功能提升关键技术示范点，开展了碗窑土陶文化挖掘和传承、传统村落特色空间形态风貌规划、云贵少数民族地区传统民居结构安全和功能提升、传统村落人居环境和基础设施规划改造等的关键技术集成与示范，对集成与示范成果进行编辑整理。本书由中国建筑设计研究院有限公司陈继军主持编写。

系列丛书分册九《西北地区乡村风貌研究》选取全国唯一的撒拉族自治县循化县154个乡村为研究对象。依据不同民族和地形地貌将其分为撒拉族川水型乡村风貌区、藏族山地型乡村风貌区以及藏族高山牧业型乡村风貌区。在对其风貌现状深入分析的基础上，遵循突出地域特色、打造自然生态、传承民族文化的乡村风貌的原则，提出乡村风貌定位，探索循化撒拉族自治县乡村风貌控制原则与方法。乡村风貌的研究可以促进西北地区重塑地域特色浓厚的乡村风貌，促进西北地区乡村文化特色继续传承发扬，促进西北地区乡村的持续健康发展。本书由西安建筑科技大学靳亦冰主持编写。

系列丛书分册十《辽沈地区民族特色乡镇建设控制指南》在对辽沈地区近2000个汉族、满族、朝鲜族、锡伯族、蒙古族和回族传统村落的自然资源和历史文化资源特色挖掘的基础上，借鉴国内外关于地域特色语汇符号甄别和提取的先进方法，梳理出辽沈地区六大主体民族各具特色的、可用于风貌建设的特征性语汇符号，构建出可以切实指导辽沈地区民族乡村风貌建设的控制标准，最终为相关主管部门和设计人员提供具有科学性、指导性和可操作性的技术文件。本书由沈阳建筑大学朴玉顺主持编写。

《中国传统村落保护与发展系列丛书》编写过程中，始终坚持问题导向和"经济性、实用性、系统性和可持续发展"等基本原则，考虑了不同地区、不同民族、不同文化背景下传统村落保护和发展的差异，将前期研究成果和实践经验进行了系统的归纳和总结，对于研究传统村落的研究人员具有一定的技术指导性，对于从事传统村落保护与发展的政府和企事业工作人员，也具有一定的实用参考价值。丛书的出版对全国传统村落保护与发展事业可以起到一定的推动作用。

丛书历时四年时间研究并整理成书，虽然经过了大量的调查研究和应用示范实践检验，但是针对我国复杂多样的传统村落保护与发展的现实与需求，还存在很多问题和不足，尚待未来的研究和实践工作中继续深化和提高，敬请读者批评指正。

本丛书的研究、编写和出版过程，得到了李先逵、单德启、陆琦、赵中枢、邓千、彭震伟、赵辉、胡永旭、郑国珍、戴志坚、陈伯超、王军（西安建筑科技大学）、杨大禹、范霄鹏、罗德胤、冯新刚、王明田、单彦名等专家学者的鼎力支持，一并致谢！

陈继军

2018年10月

前 言

传统村落传承着中华民族的历史记忆、生产生活智慧、文化艺术结晶和民族地域特色，维系着中华文明的根，寄托着中华各族儿女的乡愁。村落里的自然生态、故事传说、古建筑、民间艺术和民俗民风，都是需要保护和传承的瑰宝。从2012年至今，国家先后评审认定了四批具有重要保护价值的中国传统村落名录，涉及4153个村落。古村落的保护已经成为建设美丽中国的重要内容。

我国的传统村落研究工作是从20世纪30年代开始，研究一直更加注重对村内传统建筑个体的保护，而忽略建筑周边的环境，传统建筑与历史建筑固然需要保护，但对于村落来讲，无数个单体建筑的外环境才构成整个村落的街巷肌理，而保护肌理更是传统村落保护工作中的重中之重。在城乡一体化发展的背景下，交通越来越便捷，村民可以从各个渠道获取最新信息，一大批传统村落在外来文化和资本运作的影响下，空间结构与建筑形式产生了变异。这既体现了村民对外来文化的好奇，又表现了村民对城市生活的向往。现今保留下的传统村落，一般位于相对落后、交通不变的地区，受到外界环境的影响较小，但此类村落往往经济较为落后，一些村里的年轻人纷纷外出打工，村落的"空心化"现象严重。另一方面，大多数地方在对于旧村改造和新村建设中采用了便于管理的统一规划及建设模式，而这种模式往往无法估计村落内某些具有特殊历史价值、需要特殊保护的空间，从而加剧了对传统村落的破坏，导致一部分传统村落在这样的规划开发中渐渐失去其独一无二的"个性"。

太湖流域是我国"吴文化"的核心区，作为中华传统文化重要组成部分的吴文化源远流长、博大精深，是中华民族优秀文化中最具活力和创造力的地域文化之一，而太湖流域正是孕育吴文化的宝地。太湖流域的传统村落主要集中分布在苏南地区，在第一至第四批保护名录中，江苏省共有28个村落入选，其中11个村落集中在东、西山地区，可以说东、西山是苏州市乃至江苏省内传统村落分布中集中、保护最完整的区域，这些村落不仅是太湖流域传统村落不可或缺的部分，更是研究当地文化的宝贵资料。

笔者曾多次走访太湖流域的传统村落，对该区域的传统村落有了大体的了解，对太湖西南的三山岛记忆深刻，适逢参与岛上村落的保护规划工作，故本书以所做工作作为切入点，由小及大地向读者介绍太湖流域传统村落规划改造与功能提升方面的内容。

三山岛位于太湖风景名胜区东山景区内，是苏州市首批确定保护的14个古村落之一，也是太湖中唯一一处没有与陆域直接连通并且有居民生息的独岛，具有典型的湖岛特征。岛上明清时期的传统村落格局保存良好，具有鲜明的地域性特色。岛上现有江苏省级文保单位两处，苏州市级文保单位一处，保存着清俭堂、师俭堂、九思堂、荆茂堂、震远堂以及秦祠、薛家祠堂等明、清建筑33幢，尤其是师俭堂、荆茂堂、九思堂等建筑设计布局独特，精美绝伦。

本书前三章从太湖流域传统村落的演化与发展历程引出，针对吴文化特征对本地区传统村落的影响做分析及阐述，详细讲述太湖东山镇三山岛上三山村传统村落发展与演化历程、历史沿革及建制沿革。从第四章开始，重点讲述针对三山村进行的传统村落规划改造和民居功能综合提升实施方案的内容。后附现场调查踏勘的照片及保护发展规划图集，可以使读者更加直观地认识到太湖流域的传统村落地域性特征及主要存在的问题。另将附录中三山岛上现留存风貌较好的历史建筑整理成档案，无论是了解三山岛还是为该地区留存一份永久的记忆，都是一份宝贵的资料。通过大量的基础资料介绍与分析，使专业读者对这座太湖流域的重要村落目前所做的保护工作产生清晰的认识，非专业读者也可以更加深入地了解太湖流域的历史文化底蕴及传统村落发展历程。本书定位是一本大众化读物，由于研究尚未结束，只言片语也无法完整讲述如此深厚的文化内涵，于是笔者将一些具有争议的部分隐去，意在向民众普及目前我国传统村落保护与发展现状，特别是介绍太湖流域三山岛地区的传统村落保护工作。

通过走访调查太湖流域的大部分传统村落及查阅相关研究资料，笔者直观感受到修缮复原并不是其保护的难题，如何将当地文化结合并传承，如何把传统村落保护、传统建筑保护与当地居民的生产生活条件的提升结合在一起发展等，这才是传统村落的规划改造与提升中的难题，同样也是我们下一步需深入思考解决的问题。

目　录

总　序

前　言

第 1 章

太湖流域传统村落调查

001

1.1　太湖流域传统村落布局 / 002
1.2　太湖流域传统村落演化与发展 / 003
1.3　太湖流域传统村落分析 / 006
　　1.3.1　三山岛的历史地位 / 006
　　1.3.2　三山岛的修建沿革 / 007
　　1.3.3　重要历史人物 / 008

第 2 章

太湖流域吴文化特征对传统村落的影响

011

2.1　太湖流域吴文化主要发展特征 / 012
2.2　太湖流域吴文化发展对村落的影响 / 013

第 3 章

三山村传统村落发展与演化历程

017

3.1　三山村传统村落现状调查分析 / 018
3.2　三山村传统村落历史沿革 / 019
3.3　三山村传统村落建制沿革 / 022

第 4 章

三山村传统村落规划改造和功能综合提升

025

- 4.1 **传统村落选址与格局描述** / 026
- 4.2 **太湖三山岛传统村落建筑特征** / 027
    - 4.2.1 建筑风格 / 027
    - 4.2.2 建筑形态 / 029
    - 4.2.3 建筑构造 / 035
    - 4.2.4 建筑材料 / 039
    - 4.2.5 建筑装饰 / 040
    - 4.2.6 现状存在问题 / 041
- 4.3 **传统村落群保护与传承规划** / 044
    - 4.3.1 应对新时期带来的机遇和挑战 / 044
    - 4.3.2 三山村保护发展的机遇和挑战 / 049
    - 4.3.3 三山村保护与发展的优势与劣势 / 052
    - 4.3.4 创新保护发展总体思路 / 056
    - 4.3.5 探寻保护发展的可行途径 / 059
- 4.4 **公共设施与基础设施规划** / 060
    - 4.4.1 公共服务设施规划 / 060
    - 4.4.2 给水工程规划 / 061
    - 4.4.3 排水工程规划 / 062
    - 4.4.4 供电工程规划 / 063
    - 4.4.5 通信工程规划 / 063
    - 4.4.6 燃气工程规划 / 064
    - 4.4.7 环卫工程规划 / 064
- 4.5 **产业发展规划** / 064
    - 4.5.1 产业定位及发展策略 / 064
    - 4.5.2 产业发展引导——整体优化 / 065
    - 4.5.3 产业发展引导——特色提升 / 065

4.6 历史遗产保护规划 / 067
  4.6.1 指导思想 / 069
  4.6.2 改造原则 / 069
  4.6.3 师俭堂改造实例 / 070

4.7 生态环境保护规划 / 073
  4.7.1 林地资源 / 073
  4.7.2 湿地资源 / 073

4.8 空间布局规划 / 075
  4.8.1 空间结构组织 / 075
  4.8.2 公共空间整治 / 076

4.9 村域设施规划 / 078
  4.9.1 道路交通规划 / 078
  4.9.2 公共服务设施规划 / 079
  4.9.3 基础设施规划 / 080
  4.9.4 综合防灾规划 / 081

第 5 章

三山村传统村落保护与发展规划与机遇

083

5.1 苏州三山岛历史文化名村（保护）规划图集 / 084

5.2 三山岛传统村落保护与发展战略选择法律法规和政策辑要 / 115
  5.2.1 世界遗产国际公约 / 115
  5.2.2 我国相关法律法规 / 116
  5.2.3 国家相关政策 / 121
  5.2.4 相关技术规范与规划 / 122

5.3 三山村遗产保护现实条件 / 123
  5.3.1 传统民居迅速消失 / 123
  5.3.2 遗产保护意识不足 / 123
  5.3.3 现实问题处理 / 124

5.4 三山岛传统村落保护发展方针及原则 / 124
  5.4.1 贯彻方针与遵循原则 / 124
  5.4.2 保护发展原则解释 / 125
  5.4.3 法律法规和政策适用 / 128

5.5 三山岛传统村落保护发展战略目标和阶段 / 129
    5.5.1 战略目标释要 / 130
    5.5.2 分步实施阶段 / 131

第 6 章

三山村传统村落保护与发展经验总结

133

调研收资问题 / 134

保护发展规划的问题 / 134

保护方式的问题 / 135

规划内容制定的问题 / 135

法规文件颁布的问题 / 136

过程信息反馈的问题 / 136

附录1 三山岛传统建筑信息名录 / 138

附录2 苏州市东山镇三山历史文化名村（保护）规划（2014—2020）/ 157

参考文献 / 174

后记 / 175

第1章
太湖流域传统村落调查

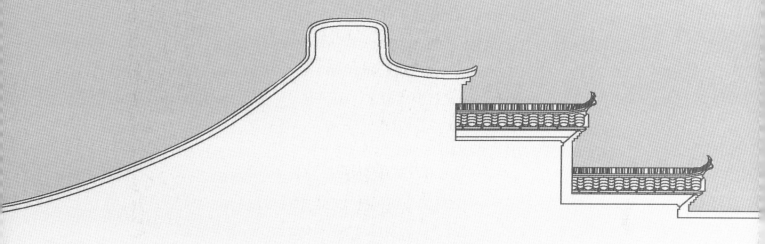

1.1 太湖流域传统村落布局

三山岛独悬太湖之中，四面环水。远山楼舍与之遥遥相望，在碧波荡漾的平缓湖面上，疏密相间，跌宕起伏，构成了一道层次丰富、浓淡相宜的天际线，风光旖旎，景色壮观。

在山水空间大格局中，三山岛犹若一颗镶嵌在浩瀚湖泊中的璀璨明珠，熠熠生辉。岛上覆盖着茂密的植被，犹若绿色织锦掩映着粉墙黛瓦。屋舍嵯峨依山傍水而建，在周围大片的生态湿地和绿洲烘托下，造就了天、地、山、水、林、屋和港湾多姿多彩的湖岛自然生态景观，展示了别样的江南水乡特色（图1-1-1）。

三山岛拥有形态完整、传统风貌延续的历史街巷，依山就势顺应地形等高线自由布局，山峦、植被与屋舍浑然一体。桥头村是历史上太湖驿站所在，也是三山岛最具代表性的精华。南北向的驿站老街和东西向的长江河渠于顺济桥处交汇，垂直构成整个村落的两条轴线，体现出了浓郁的江南湖岛水乡特色。被当地村民祖祖辈辈称之为"长江"的一条水系其实十分狭窄，并不通舟，也无重要水利设施，但却横贯三山岛的东西（实际方向为东南与西北），串联起岛上的枣林、梅林和池塘。确切地说"长江"只是一条自明代起人工挖掘而成的排水渠，旨在解决地处大山与行山之间谷底村落的排涝需要。然而正是这条水系把村落划分成两大部分，两侧民居院落布局均沿着水系，面向"长江"对开门户。整个村落以十字形发展轴为主干，连接着呈鱼骨状的大小街巷数十条，条条街巷曲径通幽，空间尺度宜人，给人以静谧亲和感。街巷路面用长条形麻石或者青石铺就。石板路为人行道，靠近墙基一侧设有明沟排水系统，大都为历史遗存，与"长江"水渠相通，即使遇到暴风骤雨也排泄通畅，从不积水。村落里的传统建筑粉墙黛瓦，参差错落，掩映在绿树花果丛中。村里除去大户人家的深宅庭院，随处可见寻常农舍的竹篱柴扉，时有成群鹅鸭大摇大摆蹒跚着堵住去路，夹杂着一声高过一声的引吭大叫，偶尔又会传来鸡鸣狗吠，将三山岛传统村落融于天地自然的农耕生活意境表达得淋漓尽致，展示出一幅鲜活的江南水乡湖岛田园的风景画。加之浓郁的石板小巷、古风遗韵、茶楼酒肆，更给村落平添了文化品位。

如今三山岛仍然保存有明清时期和民国的传统建筑1900平方米，主要分布在桥头村老街两侧以及东泊、山东、桥头、小姑等自然村，规模宏大，有民居、祠堂、寺院、桥梁、古井等，类型齐全、功能完善。历史遗存的桥头村码头、东泊浜码头、许家浜码头一如既往担负着航运、旅游等综合功能（图1-1-2）。

| 1 | 2 |

图1-1-1　远眺太湖三山岛
图1-1-2　东山镇风貌

三山岛上山、村、湖、居相互渗透，人文与乡土有机融合，展现的是一个山水的系列，一种风景的组合，山有远近高低，水有曲折幽深，村有古朴乡韵。这里不仅有"旷、秀、奇、幽"的整体风貌，"玲珑剔透、栩栩如生"的太湖花石，"莫是西施仙去后，芳魂犹在水云乡"的水葬台，"太湖远祖"的石器文化遗址，更有那"柳枝插户燕低飞，十亩桑牙绿渐肥"的田园画卷，同时还可领略"夜雨剪新韭，新炊间黄果"的情景，体会"开轩而场圃，把酒话桑麻"的况味。因此，无论自然生态还是历史人文，均构成了三山岛传统村落山水园林格局和传统风貌不可或缺的要素特色，值得深入研究、发掘、整合，保护传承文化遗产及其历史文脉，使之转化为三山岛经济社会发展的生机和活力。

1.2　太湖流域传统村落演化与发展

如今散落在苏锡常地区具有历史文化价值和地域文化特色的农村聚落已是凤毛麟角。据统计，在国家先后公布的五批中国历史文化名村中，苏锡常三市仅无锡市惠山区玉祁镇礼社村、苏州市吴中区东山镇陆巷村和金庭镇明月湾村榜上有名，如此经济发达的地区在169个中国历史文化名村中所占比例居然不到2%。苏州现存古村落较多，但是尽管市政府于2005年颁布了《苏州市古村落保护办法》，随之将陆巷、杨湾、三山岛、明月湾、东村、堂里、甪里、东西蔡、徐湾、植里、后埠、恬庄、金村、南库等14个村庄公布为苏州市第一批控制保护古村落，纳入了保护范围，由于保护状况不佳，迄今入选《中国传统村落名录》的仅有吴中区东山镇陆巷、三山岛、翁巷、杨湾和金庭镇明月湾村五个。即使加上无锡市锡山区羊尖镇严家桥村，以及常州市武进区前黄镇南杨桥古街村，整个苏锡常地区总计也不过拥有七个传统村落。而且这些传统村落中相当多传统民居已成危房，亟待抢救。

大量传统村落的破坏和消失，使苏锡常地区广大城乡的传统格局和建筑风貌早已今非昔比，文化遗产所承载的历史记忆逐渐缺失，也让城乡居民和子孙后代在一定程度上失去了享有文化遗产资源、传承历史文脉的权益。

由此可见，保护和发展传统村落，对于地处长江三角洲的苏锡常经济发达地区，显得尤为紧要。《三山岛传统村落保护发展规划研究》固然聚焦某一湖岛的墟里村舍，但却立意高远，旨在借鉴平遥古城保护与发展的成功范例和思想理念，结合苏锡常地区新农村建设实际，探索我国经济快速发展区域的传统村落如何在科学发展观指导下，通过合理有效的思路、途径和方法，实现文化遗产保护和经济社会发展并举兼得，和谐双赢。要在切实保护好传统村落和民居、传承农耕文明和优秀传统文化、特色地域文化的基础上，加快经济发展，改善社会民生，为村民创造更多就业岗位，极大地提升农民收入水平。

我国正在大力推动的传统村落保护与发展是一项前所未有的事业，目前尚无成熟经验，处于实践探索阶段。之所以创意启动"三山岛传统村落保护发展规划研究"，价值意义在于将"平遥模式"移植江南水乡，进一步推陈出新，摸索和丰富文化遗产保护与发展理论，指导社会实践，为编制传统村落保护发展规划提供理论支撑和典型示范，使规划方案真正落地生根，行之有效。

三山村地处太湖之中，为行政村建制，村域总面积2.8平方千米。村民分别居住在本岛的桥头、东泊、山东、小姑、西湖堡五个自然村落，隶属于苏州市吴中区东山镇，是苏州市2005年6月14日首批确定保护的14个古村落之一，2013年9月被住房和城乡建设部、文化部、财政部列入中国传统村落名录。

村内湖光山色，风景秀丽，自然生态资源丰富，为国家级湿地公园，历史文化悠久丰厚，曾是太湖水上交通运输重要的避风港和中转站，被誉为"芜申之咽喉"、"太湖之驿站"。此外，在岛上至今仍保存着明清时期传统的村落布局、街巷肌理和为数众多的明清民居建筑。这些古建筑群不仅构筑了三山村独特的古建筑文化底蕴，也为研究苏南地区，乃至太湖地区明清传统建筑提供了丰富的实物范例。

自经济转型发展期以来，三山村抓住机遇"退二进三"，不失时机地调整经济结构和产业结构，停办工业企业，充分利用自然禀赋的生态资源和历史遗存的人文资源优势，着力加快发展以农业旅游、生态旅游和文化旅游为主导的第三产业，并取得了明显成效，正在成为环太湖旅游的重要产业链，在苏南区域经济大格局中崭露头角，形势看好。

为了更好地保护、整合、利用三山村资源，进一步加强自然文化遗产保护，统筹安排农业生产、旅游开发、基础设施建设和村民生活品质提升，消除现存的不协调因素，整治严重影响自然生态和传统格局、历史风貌的建（构）筑物，在切实保护生态环境、天然水体、基本农田、多样物种、历史遗存的基础上，编制三山村保护发展规划。以期总揽全局，使土地利用规划、村庄建设规划、古村落保护规划、国家湿地公园保护规划、旅游规划以及基础设施规划等相互衔接，把国家湿地保护利用、三山文化考古发掘、乡土休闲度假旅游、传统村落保护发展紧密结合起来，形成相辅相成的良性有机体系，从而促进三山村文化遗产保护和经济社会发展并举兼得，和谐双赢。这不仅是抢救三山村濒危传统村落和传统建筑、扩容提质加大旅游开发力度的迫切需要，而且是立足长远，谋划三山村传承文明、永续发展、造福未来的根本大计。

芜申咽喉——商周至春秋战国

1984年三山岛发现的旧石器地点是我国长江下游地区首次发现的旧石器晚期文化遗址。商末时，周太王长子太伯、次子仲雍让贤隐居"勾吴"。春秋时，吴国为争霸天下，开凿了胥溪、胥浦、古江南运河、百尺渎、邗沟、荷水等运河，沟通了江、淮、河、济四大水系，促进了太湖水域运河的发展。

三山岛位于太湖之中，为东西、南北来往船只提供补给、停泊休憩，素有"芜申之咽喉"和"太湖之驿站"的称号。胥溪、胥浦成为中国最早的运河，是世界文化遗产大运河的重要历史遗迹。

文化挖掘——水运商业

京杭大运河开通后，南北漕运更加繁荣，运河的开通不仅是为了军事上的需求，更多是体现在经济社会的需求上，将江南的粮食、盐业、绸缎、茶叶等商品运往北方。在唐时便有"扬一益二"的说法。三山岛作为太湖流域水上运输的补给站及港湾，岛上来往船只络绎不绝，岛上流动人口也随之增多。络绎的人流给三山岛带来无限的商机，岛民们充分利用交通区位积极发展商业，处于环太湖中心位置的三山岛迅速发展。古码头不但有重要的交通联系，还是最主要的公共活动场所与商贸交易的平台，从而聚居周边地区，形成环绕码头空间的古村落布局。

1.3 太湖流域传统村落分析

1.3.1 三山岛的历史地位

据文献记载，三山村在太湖水域的历史作用与地位举足轻重。三山村在历史上（运河时代）一直被称为"太湖驿站"和"申芜咽喉"，发挥着为往来于长江和钱塘江之间的太湖船只提供补给休养、躲避风浪港湾和商品集散的重要作用。精明的商人捕捉到三山湖岛的商机，纷纷迁徙到岛上构筑码头、房屋，开设店铺和作坊。尤其是在桥头和东泊两浜码头，集市兴盛、街道繁华、店铺林立。其中仅作坊就有石坊、糖坊、染坊、豆腐坊等，衣、食、住，一应俱全，三山村也因此成为当时的物资集散地和商品贸易交换中心。及至清乾隆年间岛上仍是"居民五百余家，多服贾。"（清《太湖备考》）师俭堂主人潘尔丰开米行兼营糕团熟食点心，生意兴隆覆盖上海嘉定、真如、松江一带（图1-3-1）。

从三山村的空间地域演变与文化内涵积累来看，吴文化是三山村文化的精神内核。吴文化博大精深，内涵丰富，是中华民族优秀传统文化的重要组成部分。春秋时，吴文化以宁镇地区为源头，逐渐扩展到太湖流域。随着吴国疆域的不断扩大，吴文化涉及的范围也就越来越广，与此同时也与相邻地域文化，如越文化、楚文化、中原文化相融合，逐渐成为一个融合体。尤其三山岛毗连越地湖州水域，曾为湖州所辖，加之吴越之争，分分合合，深受越文化影响，兼收并蓄，以致吴风越韵传承至今。当春秋战国后随着吴国灭亡，吴人也就四处散去，他们有的融入越人中，有的融入楚人中，有的融入跨江南下的晋人之

图1-3-1　东山风貌

中，后来都又与汉人融合，成为中华民族不可分割的组成部分。吴文化也不再仅仅局限于春秋吴国的文化，而是变成一个融入附近多种地域元素的历史文化体系。三山村的吴文化可追溯到一万年前的旧石器时代。距今一万多年前的太湖三山村旧石器文化遗址，是迄今所知吴地原始文明的最早源头。如今的吴文化在以先吴和吴国文化为基础上，经过漫长的历史长河发展，已形成了自己特有的文化特征，如"稻渔并重、船桥相望的水乡文化"、"土语十足的古吴语文化"、"尚武重文的民风习性"等。此外，吴文化的地域范围在不断扩展，扩展到以太湖为中心的南京、上海、苏州、无锡、常州、杭州、嘉兴、湖州、南通和扬州等地。内容也不断丰富，有水文化、鱼文化、船文化、稻作文化和蚕桑丝绸文化等。吴文化作为太湖地区重要的文化内涵，已成为世人所景仰和瞩目的文化成果，其影响力将会越来越深远。

三山村虽是弹丸小岛，但名寺古刹林立，是古代江南著名的佛教圣地。历史上北有三峰寺，南有中峰寺，还有关帝庙、观音堂等寺庙多达18座，被誉为太湖中的普陀山。三山村时为太湖驿站，经济商贸的补给站，在动荡不安和安居乐业交替轮回的岁月里，佛教建筑日渐增多，也为承接着来来往往的人流崇祀神灵、祈福纳吉提供了一处精神寄托所在，佛教文化随之弘扬，因而在唐代三山岛的佛教禅修文化就已非常兴盛，为宋元明清三山岛的佛教文化发展奠定了坚实的基础，也为如今三山村发展休闲文化体验活动，如禅修养生、参禅静养，以及多种养生和瑜伽健身创造了浓郁的文化氛围。

1.3.2 三山岛的修建沿革

早在一万年前的史前就有原始人类居住于东泊小山清风岭的溶洞中。岁月流逝，春秋战国时期，三山岛作为吴越主战场和兵家必争之地，沿码头建设战争防御设施。直到唐朝时，岛上香火旺盛，高峰期寺庙多达18座，庙宇神祇建构筑物数量达到最高峰。后期从宋代开始，在岛上开山采石，形成了如今岛屿的山势与形态。元明清，岛上沿着桥头、东泊、山东、西湖、小姑五大码头形成传统民居与宗祠建构筑物聚集而建的态势。桥头码头到顺济桥一线形成商业古街，顺济桥到观音堂一带形成鱼骨状分布的居住古街。清末，太平天国火烧三山岛，民居、祠堂损坏无数，岛上建设停滞。直到民国开始，岛上又揭开民居建设的高潮。一直到20世纪90年代，岛上以低矮居住建筑为主，市政设施和交通基础设施落后。2000年以来，三山岛以发展旅游业为指导，新建环岛路、供水设施、污水处理设施、垃圾处理场等市政基础设施，村民新建2层、3层现代建筑发展农家乐，桥头码头、东泊码头成为游客进出三山岛的主要码头。村集体抢救性保护史前遗址、祠堂、重要民居、古桥、古井、古树名木、历史遗迹等，现今正在如火如荼地进行中。

1.3.3 重要历史人物

1. 顾雍

顾雍是名士顾融之孙,三国时吴国丞相,下野后隐居三山岛。他年少时即从大学者蔡邕学习,弱冠即名驰朝野,被举荐为合肥等地之首长,颇有治绩,他身为江南氏族,又深受北方文化(蔡邕所授)熏陶,加上自己的谨慎、公正和谦虚,"治绩斐然",大为孙权所赏识。当孙权即帝位四年,即被升任为丞相。顾雍不仅善于公事,且更虚心走访下属与民间。因为治政多见成功。其为丞相连续达19年之久,对于东吴的政权与国运做出了奠基性的贡献。

2. 顾荣

顾荣是顾雍之孙,三山岛顾氏后裔。其历史功绩超越了其祖父。他经历了西晋灭吴、西晋又内乱而亡、江东建立东晋政权。顾荣年轻时与当时著名的大文士陆机陆云兄弟,被誉为"洛阳三俊"。但西晋统治集团非常腐败恶劣,内乱频发,致使精英阶层消沉堕落。而顾荣却自强不息,毅然辞官回到家乡苏州。当时北方形势少数族铁骑横行,西晋行将覆灭,胡骑随后必将南侵。顾荣联络江南的世族及众多士人,先稳定住江南地面(用计平定了叛晋的军阀陈敏)。此时西晋残存势力急迫地向唯一可以立足的江南地面逃奔。而江南地面的世族士人多对北方统治阶层心存疑虑,顾荣明确表态支持西晋,并且亲自充当了镇东大都督(驻地南京),琅琊王司马睿的参谋总长,西晋灭亡后,力劝司马睿即帝位,从而开创了东晋王朝。开创了江东地方几近三百年(东晋和南朝)的太平盛世。大历史学家陈寅恪曾评论:"南人与北人戮力同心,共御外侮,赤县神州免于全部陆沉,东晋南朝三百年的局面由此决定。"

3. 秦少游

其后裔孙秦浩养明初迁居三山岛,子孙繁盛,立有秦氏宗祠(现完整存留)。该祠所附秦氏"族规",其社会、文化之价值颇高。兹引列几款以窥见其伦常、德行教育之功能。

秦观(1049—1100年),早年字太虚,后改字少游,别号邗沟居士、淮海居士,扬州高邮人。他少时聪颖,博览群书,抱负远大,纵游湖州、杭州、润州各地。熙宁元年(1068年)因目睹人民遭受水灾的惨状,创作了《浮山堰赋》、《郭子仪单骑见虏赋》。熙宁十年,苏轼自密州移至徐州,秦观前往拜谒,写诗道:"我独不愿万户侯,唯愿一识苏徐州。"(《别子瞻学士》)。次年,他应苏轼之请写了一篇《黄楼赋》,苏轼称赞他"有屈、宋才"。元丰七年(1084年),秦观迁国史院编修,与黄庭坚、晁补之、张耒同时供职史馆,人称"苏门四学士"。绍圣元年(1094年),新党人士章惇、蔡京上台,苏轼、秦观等人一同遭贬,殁于滕州。

4. 徐惠诚

徐惠诚先生祖籍三山村，1950年在上海出生，幼时随父母移居香港。1992年当选为美国加州的南帕莎迪那市市长，成为该市历史上第一位亚裔市长，也是加州立州一百五十年来，第一次由华人担任州参议员职务。当选为市长的徐惠诚创办了著名的"圆桌会议"，出色的表现让徐惠诚赢得了南帕莎迪那市很多选民的认可。在接下来的换届选举中，徐惠诚再次当选该市市长，成就了华人在美参政的辉煌。徐惠诚不仅自己积极参政，而且还很重视培养华人参政人才，招收大学生到国会议员及州议员的地方办公室等处进行政治实习以培养保持华裔及亚裔的参政能力。徐惠诚还特别关注中国大陆的慈善事业。2005年，他与朋友们共同创办"晨光基金会"，帮助中国贫困家庭的孩子顺利完成学业，还在中国科技大学、南京大学各设立了25个名额的助学金。改革开放后，他马上到上海、杭州、苏州等地建立营业网络，帮助家乡发展外向型经济。

5. 张秉权

张秉权先生祖籍三山村，为甲骨文研究领域的著名学者，1967～1985年担任台湾"中央研究院"甲骨文研究室主任，著有《殷墟文字札记》、《殷墟文字丙编研究》等著作。

第 2 章
太湖流域吴文化特征对传统村落的影响

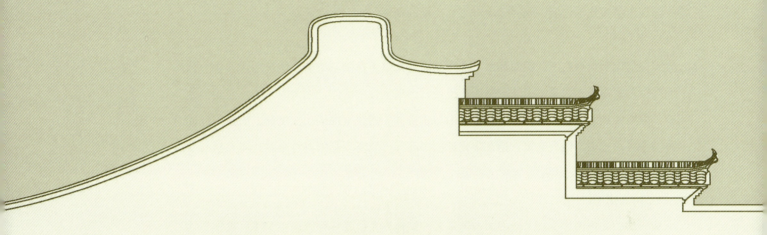

2.1 太湖流域吴文化主要发展特征

三山岛的吴文化可追溯到一万年前的旧石器时代。距今一万多年前的太湖三山岛旧石器文化遗址，是迄今所知吴地原始文明的最早源头。太湖三山岛是吴文化的一个浓缩体，不仅体现出吴文化的内涵，同时也展现出吴文化的特征。

1. 水文化

三山岛位于太湖之中，四面环水，水是三山岛赖以生存的基础。三山岛因水而生、依水而兴、随水而长，水是三山岛的灵魂，也是三山岛文化的载体。因为有了水，三山岛才拥有了美丽如画的风景；因为有了水，三山岛才拥有了悠久丰厚的历史文化。因此可以说水不仅孕育了三山岛的吴文化，还在文化进程中演绎出风姿多彩的各种事物，将自然与文化融为一体。

2. 鱼文化

从三山岛文化遗址挖掘出土的旧石器来看，吴地先人过着一种以渔猎为主，采集为辅的生活。最初的渔业，只捕不养，方法极为简单和原始，后随着人们捕鱼经验的积累、渔猎工具的改进，捕鱼量大为增加，人们才开始逐渐饲养鱼类。到新石器时代，在原始农业已经出现的情况下，渔猎经济仍然很发达。"鱼"与"吴"古时同音同义，苏州吴语，鱼与吴读音相同，都是用鼻音读"ng"的音。吴文化中的鱼文化可以说是源于三山岛。如今岛上仍有许多岛民从事捕鱼行业，保留着"祭禹"的习俗。

3. 船文化

三山岛人世居太湖之中，"与世隔绝"，出行与外界沟通离不开船。船不仅是交通工具，也是他们生活和生产必不可少的介质。历史上，渔船不仅是渔民们捕鱼谋生的工具，也是许多渔民日常生活的场所，吃住都是在渔船上。除了渔船外，还有些船只是用于承载客人的游船，专门用于游览生意。如今，在三山岛的湖岸边，依旧可以看到各式各样古今船坞和一排排的木船。船文化是三山岛吴文化中不可或缺的一部分。

4. 吴姓氏族

姓者，统其祖考之所自出；氏者，别其子孙之所自分。"姓"字从女从生，表示人们对自己来源的追溯；"氏"是从"姓"中分化出来的，是古代贵族标志、宗族系统的称号，其来源复杂多样，有以国名为氏，如齐、鲁、宋、赵、吴、魏；以地名为氏，如叶、邓、南郭；以官职为氏，如司马、司徒、仓陶；以先人为氏，如公孙、王、孟；等等。至秦汉，"姓"与"氏"渐渐合二为一。

三山岛"吴"之"姓"始源于周人姬姓,"氏"源于春秋时期的吴国。"吴"作为姓氏,是在吴国被越国灭亡之后开始普及的。吴国被灭亡后,吴国王族除了被杀戮以外,或被俘,或流亡,他们散布到各地,大都以国为姓,成了吴氏的祖先。吴姓群体是三山岛最庞大的人口群体,仅小姑村就有95%以上的人姓吴。

此外,三山岛上侬侬的吴语吴歌、风格独特的明清建筑都展现着三山岛吴文化的魅力。

2.2 太湖流域吴文化发展对村落的影响

历史与文化往往是很难截然分开的,就时间而言,历史是流动的,文化是凝固的;就形态而言,历史是无形的,文化是有形的。所以,从存在的形式上看,两者相辅相成、互为映现,历史是对文化的记叙,文化则是历史的载体。只有透过文化才能披览历史的原貌,只有把脉文化才能解读历史事件发生、发展的因果缘由。三山村绵延迢递的历史,时时刻刻都昭示着这一微观世界的文化内涵。综其要者,三山村的文化主要有以下几个构成要件:

1. 显隐兼具的考古文化

三山村历史悠久,文化丰厚。1985年经国家批准,有关方面组织科考专家对三山村古人类遗址进行挖掘整理,推断出早在一万两千年前三山村就有使用石器进行渔猎的古人类存在。三山村虽然面积有限,但其蕴藏的古文化内涵却是极其深厚的,其考证推断人类文明史、地质地貌生成史的前景价值非常巨大,因而也就成了三山村文化中最基本、最活跃的因素。

2. 亦道亦佛的宗教文化

三山村孤立湖波之巅,四望迷茫,景色清幽,为修身养性、超然世情的绝佳之处。满山遍野的奇峰怪石,透出幽深莫测的神秘气氛。因此之故,三山村就有许许多多历史掌故和传说,比如吴王阖闾选妃三山、吴王之女绝命湖滨等,这些传说因其内容凄美动人、格调缠绵悱恻而演绎成仙佛文化。留存后世的遗迹有吴妃祠、姑皇圣母殿等。据文献记载,三山村佛教文化唐代时即已兴盛,后来更蔚成大观,其中三峰寺、中峰寺最为著名。清代遗民诗人徐崧所著《百城烟水》曰:"三峰寺,在太湖中三山。唐咸通十三年,僧真铨开山。""中峰寺,在三山。唐咸通九年,僧本超开山。"佛寺的兴盛与佛教文化的传播有关，亦与地理形势相连。三山村绿水摇波，风浪相激，不但给岛居生活带来诸种困难和威胁，而且由此还引起岛上居民对自然神秘力量的敬畏与恐惧。为了解脱这种心理压抑，达到精神的超越，山民们毫不犹豫地选择了佛教，让佛成为他们的代言者与保护神。因而从唐代始，佛教一直与道教和谐地相处于三山村上，其香火之盛、信众之多，给这个弹丸之地涂上了一层空灵诡秘的质感。正如清人张大纯所说："三山岚影泛波光，石屋烟鬟韶女装。莫是西施仙去后，芳魂犹在水云乡。"封闭的地理区位，造成了三山村宗教文化的神秘性，亦仙亦佛、天人合一是其独具的特征。

3. 风云变幻的史实文化

三山村地质构造复杂，其经风雨侵蚀、岁月磨砺的岩石造型，历来受世人推崇，是太湖石中的精品。凡营造园林宫室，点缀都市中的闲适心情，都把太湖石特别是三山村的太湖石当成首选。其中最著名的案例就是发生在北宋末年的"花石纲"。据《宋史·朱勔传》记载："徽宗颇垂意花石，（蔡）京讽勔语其父，密取浙中珍异以进……所贡物，豪夺渔取于民，毛发不少偿……民预其役者，中家悉破产，或鬻卖子女以供其须。斫山辇石，程督峭惨，虽江湖不测之渊，百计取之，必出乃止。尝得太湖石，高四丈，载以巨舰，役夫数千人，所经州县，有拆水门、桥梁，凿城垣以过者。既至，赐名'神运昭功石'。"上有所好，下必谄之。朱勔父子以逢迎上意、残毒民间而由苏州商人跃身为权倾一时的官僚，其为了迎合皇帝"垂意花石"的奢侈心理，一手导演了"花石纲"的历史丑剧，最终逼得江浙人民奋起反抗，给社会造成深重灾难。朱勔是北宋末年著名的佞幸之徒，他所开凿的巨型太湖石就在三山村，所以作为反面教材，朱勔的历史掌故应该为后人所熟知。三山村的历史文化组成不该忽略这一部分，而应将其列为爱国主义教育素材，以从反面告诫人们历史不能忘记，悲剧不能重演。关注民生，顺应民心，热爱人民，是每个后来者应当确立的人文情怀。

4. 虚实相间的民俗文化

三山村历史悠久，发展之路漫长而曲折，太平时它是一个安身立命、颐养天年、繁衍子孙的风水宝地。乱离期间它也不能幸免人间苦难。因而三山村就人文角度看，人口几经消长，姓氏更迭变换，但不管历史发生如何折转翻覆，岛内大姓始终延绵存续，保留至今，其中以吴、秦、查、许、张、潘、倪、黄、薛、徐等诸姓为著，而吴姓后嗣世居三山。秦氏据说与宋代大词人秦观有关，为少游后裔，如果考证为真，这将给三山村增添不少柔美的文化元素。

三山村面积有限，容量很小，可钟灵毓秀的岛民对文化的追求一直非常执着，他们诗礼传家，躬耕自给，从民居建造到桥梁设计，由石雕艺术到民俗形式，无不表现出精致、优雅、特异、独秀的审美情趣。现存于岛内最早的古建筑当属明清时代建造，譬之明代的九思堂、清代的清俭堂（其建筑风格和雕花艺术水准，不亚于著名的东山雕花楼）、师俭堂，以及薛氏念劬堂、许氏四宜堂、小姑吴氏荆茂堂等。这些物质的文化遗存虽经岁月剥离，但品相仍为完好，风姿依旧卓然，睹物思史，可以让人们追忆五百年来三山村风云变幻、沧海桑田的历史影迹。

石雕、石碑、墓志铭作为三山村民俗文化的一个重要组成部分，在整个旅游文化价值体系中不容忽视。石雕代表作有唐代的弥勒佛、六脚雕花香炉座、雕龙香炉、莲花座、三峰禅寺碑额、八角巨井、顺济桥等；清代留存的苏州府太湖分府石碑、烈女牌坊（散件）、秦氏宗祠碑记、石雕八仙等，总计不下数百件。太湖雕塑自古著称于世，东山紫金庵的十八罗汉、雕花大楼为登峰之作，而三山村的雕塑亦为上乘佳作，其艺术手法完全体现了江南独有的精湛工艺，是民俗文化中的瑰宝。三山村民风淳朴，在长期的历史发展过程中，形成了自己独具的风俗习惯，不管春夏秋冬，妇女出门都戴草帽，逢年过节都要进行各类祭祀活动，仪式隆重不亚于岛外。更特异的是，三山村至今沿用古老的砖灶，烟囱顶端花色繁多，有梅花型、品字型、玉兰型、亭子型、平台型、重叠型、桥型等，确成一引人瞩目的风景亮点。

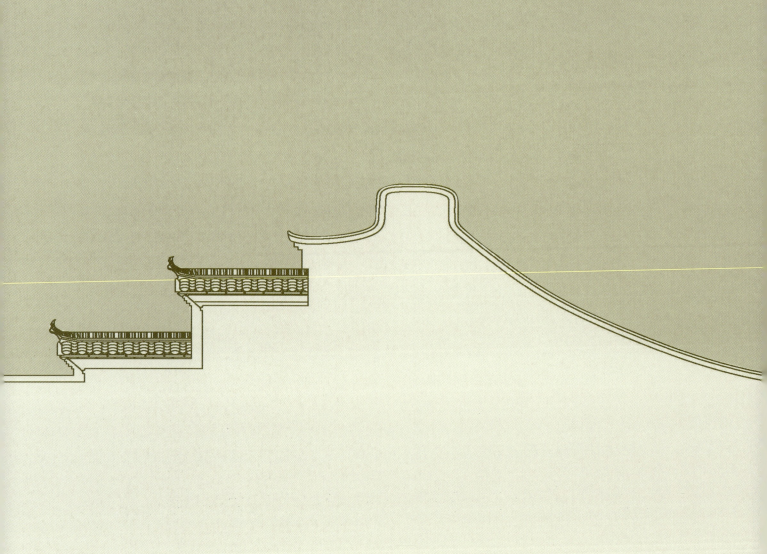

第3章
三山村传统村落发展与演化历程

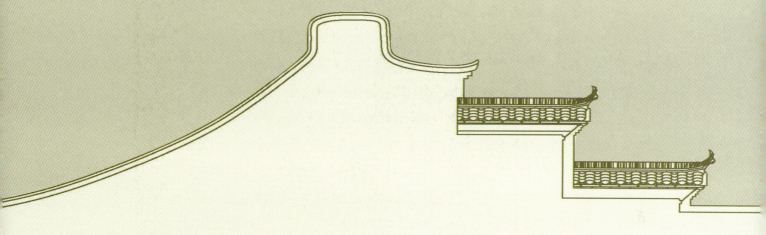

3.1 三山村传统村落现状调查分析

三山岛地处长江中下游的太湖东南水域，隶属于苏州市吴中区东山镇，是一大二小的山岛，主岛三山，余名泽山、厥山。主岛占地面积1.8平方千米，与西山、东山、鼋头渚等风景区共同构成太湖风景名胜区。

该岛居江浙两省交界，距苏州市区95千米，邻近上海、南京、无锡、湖州、嘉兴等大中城市。环周建有沪宁铁路、沪宁高速公路、宁嘉杭高速铁路、苏州绕城高速、环太湖高速、苏州高铁站等。现状上岛路线仅有一条，即从东山长圻码头至三山岛，三山岛上码头众多，仅开放一个上岛码头，对于周边城市来苏游客，交通十分不便捷。

2003年三山岛总人口达到668人，共计234户。2013年全岛人数缓慢增至805人，其中男性和女性人数分别为375人、430人。除了外出打工，常住岛上人口562人，且以老年人和儿童居多。主要分布于山间谷地地区，形成由三山两谷组成的居民点结构和空间形态。全岛人口数量变动较少，户籍迁入迁出较少，年龄结构趋向于中老龄化，呈现劳动力不足的现象。

现已形成以第三产业为主、第一产业相结合的产业特征。

第一产业：全岛农业生产以果树种植和茶树种植为主，碧螺春茶、白沙枇杷、马眼枣、油桃、石榴等是当地主要农产品为主，并以"马眼枣"为"一村一品"，但农业的经济效应没有凸显。

第三产业：到2009年，三山村实现旅游门票收入560万元，村民农家乐队伍也不断壮大，已有83家。以旅游业带动的其他社会经济效益达3600万元，村民人均收入也提高到18600元。

全岛土地利用表现为山多地少、用地分散的特征。全岛的耕地面积不足10公顷，可耕地尤其是基本农田少，并且农业用地分布较为分散。桥头、西湖堡、东泊、小姑以及山东等五个自然村较为分散，主要环岛分布，桥头、西湖堡、东泊村联系相对紧密，其他村落主要通过沿湖道路实现互联互通。公共服务设施集中分布于桥头村，满足基本生活需求。

岛上新建建筑以服务旅游功能为主（农家乐、民宿），建筑外观多为苏氏仿古风格，村务服务中心为新建建筑。与村民居住区相隔较远，便于在空间上划分保护区与控制区。

三山岛现存历史建筑分为寺庙道观、明清祠堂、近代老屋三种，主要分布在桥头村、少量分布在其他自然村。历史建筑大多为合院式，以木结构建筑为主，构件复杂精致。年久失修受损，大部分建筑损毁严重，对于现状较好的历史建筑，保护力度不足。三山岛上传统建筑多为民居，分布基本按自然村散落，年久失修，村民放弃居住，基本使用功能丧失。村落内主要道路以沥青路面为主，次要道路多为砖石铺装。新建道路铺装风格与历史遗存街巷铺装风格差距较大，风格不统一。

三山岛上遗址遗迹主要分为明清古码头、桥头浜码头、小姑浜码头、东泊浜码头、秦家浜码头、西湖浜码头、许家浜码头、"三山文化"遗址、出土大量旧石器时代文物，证明远古人类在此活动。

经过现状调研，现状主要存在问题为村中旅游资源丰富但没有提炼其特色进行定向开发，无法有效吸引客源。传统建筑年久失修受损，缺乏维护。供村民集会、进行节庆活动的开放空间匮乏。供发展旅游预留的开放空间没有得到充分利用。村落历史文化悠久，历史遗存散落，没有系统进行规划与串联。当地旅游业发展后劲十足，但需要大量人力物力将岛上旅游资源逐一挖掘并进行保护性开发，构成太湖上独一无二的人文自然之岛。

3.2 三山村传统村落历史沿革

三山岛有着一万多年的人类活动历史。1983~1986年，三山岛清风岭旧石器文化洞穴成功挖掘。大批旧石器石核、石片、石器的挖掘出土，证实了早在一万多年前的旧石器时代，三山岛便有了人类的足迹。同时也将长江中下游地区人类生活的历史由七千年前的新石器时代上溯到距今一万多年的旧石器时代。

商末时，周太王长子太伯、次子仲雍为了避让王位于其弟季历，以便将来可让昌继位。二人借故南奔"荆蛮"，自号"勾吴"。经学界考证，"勾吴"为族名或国名，而不是地名。西周武王克殷后，开始分封诸侯。寻找太伯、仲雍的后人，找到太伯四世孙周章，得知其已君吴，因而封之为诸侯。周康王时，周章被改封为宜侯矢，地处今江苏镇江丹徒一带。

春秋时期，到太伯十九世孙寿梦时，吴国不称宜侯而是改从祖先的族号，号勾吴。寿梦死后，其长子诸樊南迁至今苏州，恢复其祖先的国号，称为吴国。经吴王阖闾、夫差的努力，吴国的疆域逐渐扩大。吴国南边是越国，西边是楚国。吴王阖闾元年（公元前514年），派伍子胥筑阖闾大城，即今苏州城。公元前510年，吴国开始讨伐越国，结果败越于槜李。此时吴越疆界主要为沿平湖、嘉兴、崇德一线。吴国在休养生息十几年后，再次攻打越国于槜李，结果又败于越，吴王阖闾丧命于此，吴国的南疆被越人占据，越军一直深入到太湖边上，直逼吴国都城。公元前494年，吴王阖闾之子夫差在夫椒之战中打败越国，并乘胜追击攻破越国的都城，将越王勾践围困于会稽山上，最后使其投降，臣服于吴国。吴王将疆域南推至钱塘江边。至吴王夫差末年，其疆域大致占今江苏全境、安徽长江以南、大别山以东、浙江及江西北部地区，三山岛属吴国。越王勾践二十四年（公元前473年），越王勾践灭吴，三山岛划属越国。楚威王七年（公元前333年），公元前222年，秦王政派王翦平定了楚国的江南地区（图3-2-1）。

公元前221年，嬴政统一全国，建立秦国，开始实施郡县制，在此设置会稽郡和吴县，三山岛隶属之。秦末爆发农民起义，项羽自立为西楚霸王，吴县归楚，三山岛从之。公元前202年，项羽兵败，汉高祖刘邦胜，封韩信为楚王，吴县为楚地。次年，刘邦废楚王，封刘贾为荆王，都城设在吴县，三山岛属荆王地。后来淮南王英布造反杀了荆王刘贾，刘邦平定英布之乱后以荆国故地重新立刘濞为吴王，吴县改为吴国，三山岛随之属吴国。公元9年，王莽建立新政权，将吴县改为泰德县，是为了纪念太伯三让之德而起的县名。后王莽被诛，又复名为吴县。三山岛属之。到东汉中期时，江南的人口已经有了明显的增长。在东汉永建四年（公元129年）时，以钱塘江为界将会稽郡一分为二，钱塘江以南仍为会稽郡，以北设置吴郡，领吴县、海盐、乌程、余杭、毗陵、丹徒、曲阿、由拳、永安、富春、阳羡、无锡、娄十三县。三山岛属吴郡。汉兴平二年（公元195年），孙策占领吴郡。公元222年，孙权称吴王，定都建业，建立吴国。主要疆域包括荆州、扬州、交州、广州，也就是大约在今

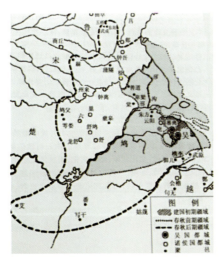

图3-2-1 春秋时期势力分布

江苏、安徽二省的南部、浙江、江西、福建、湖南四省，湖北东部及南部地区，以及广东、广西的两广地区。三山岛在整个三国时期都属吴国的范围。晋太康元年，东吴为西晋所灭，吴郡归晋属扬州刺史，三山岛从之。东晋成帝咸和元年，封弟司马岳为吴王，故改国，三山岛属吴国。南朝梁太清三年，侯景攻占吴郡，改吴郡为吴州。次年，又将吴州改为吴郡，三山岛属吴郡。公元587年，南朝陈后主将吴郡从扬州中分出来上升为吴州，吴郡隶属于吴州，三山岛从之。隋朝统一全国后，废郡改州，将地方行政建制改为州、县两级。公元589年，宇文述攻破吴州，废吴郡，并以姑苏山为名，将吴州改为苏州。三山岛属苏州。隋大业元年，把苏州改吴州，三年后，又把吴州改吴郡，三山岛随之。唐沿隋制，在州之上又设置了"道"作为监察机构，起初把全国分为十道，后来增加至十五道，苏州（唐武德间，废郡设州，改吴郡为苏州）属江南道。唐开元二十一年，将其置于江南东道。乾元元年，又置于浙江西道。三山岛随从之。公元907年，钱镠封为吴越王，创建吴越国。三山岛属之。宋初沿袭唐制，将全国划分为十多道，后改道为路，设府，居于州、县之上。1113年，将苏州升为平江府，属浙西路，此时的三山岛被划归到浙西路湖州府的乌程县。南宋沿之。元时，开始实行省制，将州改为路，此时三山岛属于江淮行中书省的湖州路乌程县。明洪武五年（1372年），东山从乌程县划归苏州府的吴县，三山岛随之归属于苏州府。清康熙六年（1667年），设苏州省，苏州府隶江苏省。三山岛属之。1735年，雍正割吴县东山设太湖厅，隶苏州府，三山岛属太湖厅。清咸丰十年（1860年），太平军占领了苏州府城，将苏州府改为苏州郡，上设苏福省。清政府为加强太湖设防，将东西山之防御改隶浙江划属湖州，三山岛随之被划归浙江湖州乌程县。次年，太平军在东山设置东珊县，隶苏州郡。1863年，清军重新占领苏州城，太平军撤离东山，东珊县建置结束，恢复旧制。三山岛从浙江划归回苏州府。1911年，苏州独立。次年，江苏都督府颁令废府、州，并县、厅。苏州府废，并同城三县称吴县。直至中华人民共和国成立前，三山岛都属吴县。

1949年，吴县解放，吴县划出城区建苏州市，市、县分治。1954年三山岛的互助组发展为三个初级社：耀光初级社、建光初级社和晓光初级社。1955年初级社合并为高级社——晓光社。1983年，晓光大队更名为晓光村，后吴县人民政府应大家要求将晓光村更名为三山村。2001年，吴县市撤市设区，成立苏州市吴中区，东山隶属吴中区，三山岛即从此时，其区位隶属于苏州市吴中区东山镇，并沿用至今。

3.3 三山村传统村落建制沿革

公元前221年，秦始皇在此设置会稽郡和吴县，三山岛隶属之。秦末爆发农民起义，项羽自立为西楚霸王，吴县归楚，三山岛从之。公元前202年，项羽兵败，汉高祖刘邦胜，封韩信为楚王，吴县为楚地。公元前201年三山岛属荆王地。后吴县改为吴国，三山岛随之属吴国。公元9年，王莽将吴县改为泰德县，后又复名为吴县，三山岛属之。东汉永建四年（公元129年），以钱塘江为界将会稽郡一分为二，钱塘江以南仍为会稽郡，以北设置吴郡，三山岛属吴郡。公元195年，汉兴平二年，孙策占领吴郡。公元222年，孙权称吴王，定都建业，建立吴国，三山岛在整个三国时期都属吴国的范围。晋太康元年，吴郡归晋属扬州刺史，三山岛从之。东晋成帝咸和元年，封弟司马岳为吴王，故改国。三山岛属吴国。南朝梁太清三年，侯景攻占吴郡，改吴郡为吴州；次年，又将吴州改为吴郡。三山岛属吴郡。公元587年，吴郡从扬州中分出来上升为吴州，吴郡隶属于吴州，三山岛从之。公元589年，宇文述攻破吴州，废吴郡，并以姑苏山为名，将吴州改为苏州。三山岛属苏州。隋大业元年，苏州改吴州，三年后，又把吴州改吴郡，三山岛随之。唐沿隋制，在州之上又设置了"道"作为监察机构，起初把全国分为十道，后来增加至十五道，苏州（唐武德间，废郡设州，改吴郡为苏州）属江南道。唐开元二十一年，将其置于江南东道。乾元元年，又置于浙江西道。三山岛随从之。公元907年，钱镠封为吴越王，创建吴越国。三山岛属之。宋初沿袭唐制，将全国划分为十多道，后改道为路，设府，居于州、县之上。1113年，将苏州升为平江府，属浙西路，此时的三山岛被划归到浙西路湖州府的乌程县。南宋沿之。元时，开始实行省制，将州改为路，此时三山岛属于江淮行中书省的湖州路乌程县。1372年，明洪武五年，东山从乌程县划归苏州府的吴县，三山岛随之归属于苏州府。1667年，清康熙六年，设苏州省，苏州府隶属江苏省。三山岛属之。1735年，雍正割吴县东山设太湖厅，隶属苏州府，三山岛属太湖厅。1860年（清咸丰十年）太平军将苏州府改为苏州郡，上设苏福省。清政府将东西山之防御改隶浙江划属湖州，三山岛随之被划归浙江湖州乌程县。1861年，太平军在东山设置东珊县，隶属苏州郡。1863年，清军重新占领苏州城，太平军撤离东山，东珊县建置结束，恢复旧制。三山岛从浙江划归回苏州府。1911年，苏州独立。1912年苏州府废，并同城三县称吴县，直至中华人民共和国成立前，三山岛都属吴县（图3-3-1）。

1949年，吴县解放，吴县划出城区建苏州市，市、县分治。1954年三山岛的互助组发展为三个初级社：耀光初级社、建光初级社和晓光初级社。1955年初级社合并为高级社——晓光社。1958年三山村改名为晓光大队，隶属于洞庭人民公社。1983年，晓光大队更名为晓光村，后吴县人民政府应大家要求将晓光村更名为三山村。2001年，吴县市撤市设区，成立苏州市吴中区，东山隶属吴中区，三山岛即从此时，其区位隶属于苏州市吴中区东山镇，并沿用至今。

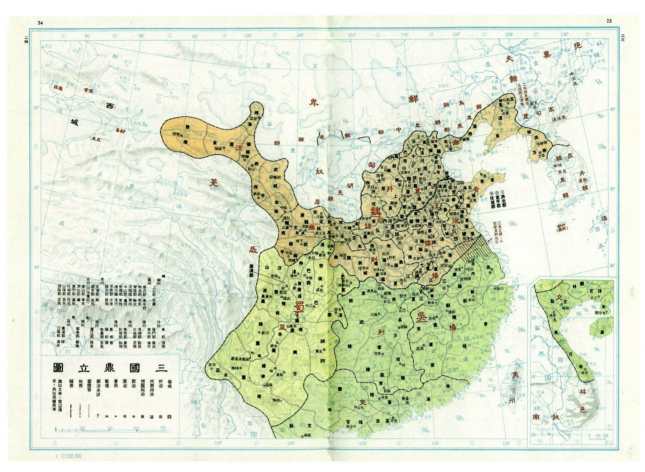

图3-3-1　三国时期鼎立形势

第 4 章

三山村传统村落规划改造和功能综合提升

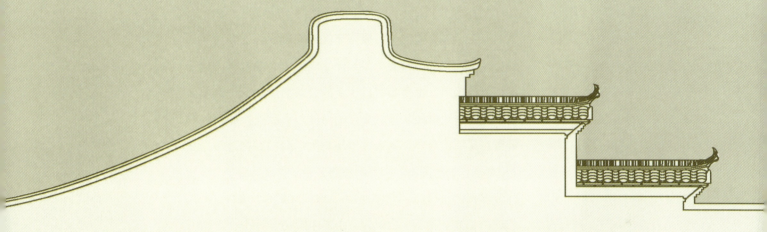

4.1 传统村落选址与格局描述

三山岛作为太湖中的独岛，承担着往来交通驿站的职能，长久以来形成聚集于码头的格局，以桥头、山东、东泊、西湖、小姑码头为中心集聚形成不同姓氏构成的自然村落。村落整体上分布于三山之间的谷地，"背山面水"、"负阴抱阳"。三山岛村落选址的一个特点是围绕着古码头纵深拓展。三山岛上古码头一般位于拥有开阔水面的湖湾区，优点是水流较缓，视野开阔，避免风浪正面冲击，便于船只停靠。三山岛的古码头是三山岛对外交通联系最直接也是最重要的接口，也是当时最主要的公共活动场所与商贸交易的平台，往来商贾与物资汇聚于此，本地村民从出行交通的便捷与商品交换的便利等角度出发，亦以码头为依托，聚居在其周边地区，遂形成围绕码头空间的古村落布局。受"负阴抱阳"的理气派堪舆理论影响，三山岛民们都喜阳恶阴，希望自己的房子"阳气充足"，所以房屋多为朝南，然而他们认为只有金銮殿和官府及寺庙才能取"子午向"，普通人没这福气，所以多数房屋朝南偏东或偏西2~10°。三山岛由北山、行山、小姑山三座山峰所构成，地形起伏多变。据此三山岛居民因地制宜，并拘泥以坐北朝南理念来体现"负阴抱阳"，于是普遍采取可以适用的背山面水的风水理念作为"负阴抱阳"方式的另一种补充，也就是形势派的堪舆理论。这种方式在朝向上没有做出任何限定性的要求，但是注重了山水自然环境的组合。因此建房时，人们同时要考虑到风水上背山面水的原则，以东泊和山东两村最为典型，多数房屋都朝东布置。由此可见三山岛的传统民居在定位和定向上既有与山水的结合，又有村落朝向布局的组合，是形势派与理气派的综合与互融。在三山岛现存民居建筑中，年代最早的建于明清时期，岛上的空间格局呈"三山两谷"，民居建筑主要集中于"两谷"和环岛的沿岸，村庄聚落具有线性布局和散落分布相结合的选址特征。另外，三山岛桥头村建在大山和行山之间开阔的边坡谷地，地势相对较低，为解决积水排涝问题，早在明代开凿有排水河渠，沿西北和东南向贯通岛屿，穿村而过，连接桥头村和西湖堡。村民将其称为长江。沿河民居建筑依山枕水，聚水而居。

三山岛位于苏州西南边的太湖中，居江浙两省交界。根据中国建筑气候区划分图，其建筑分布区域属ⅢA区，夏热冬冷。这一区域的建筑特征为夏季闷热，冬季湿冷，气温日差比较小，日照偏少。该岛7月平均气温在28℃左右，1月份平均气温为2.9~3.3℃，全年平均气温约为15.7~16℃，年平均最低气温为-5.5~-6.6℃，极端最低气温为-8.7~-12℃，全年无霜期8~9个月，平均长达223d。岛上年均相对湿度较高，年平均降雨量为

1100~1140毫米，初夏时约有一个月的梅雨期，有时会因热带风暴和台风的影响，暴雨强度大，降雨量大。

温热多雨的气候使这一地区的建筑总体上既要满足夏季散热、通风降温的要求，同时也要适当的兼顾冬季防寒。在总体规划、单元设计和结构的处理方面要有利于良好的通风日照，建筑物应避免日晒，满足防雨、防潮、防洪、防雷击等要求。

此外，建筑离不开好的建筑材料，其中最主要的是木材、石材和砖瓦等。三山岛山多地少，植被覆盖面积大，枝繁叶茂，但因土质疏松不利于树木根系深扎，故以果树居多，树干纹理粗，材质软，弯曲度大，承重能力差，不能用作建筑材料。在传统建筑营造中，梁架结构和建筑装修所使用的承重性与抗震性较好、便于雕刻装饰的杉木、松木、香樟等大多从安徽、浙江山区等地运来，苏皖浙三地相邻，水路交通极为方便，又可减少成本。相比之下，三山岛盛产石灰石、花岗石，均属石材首选，可以因地制宜，就地取材，十分便利。建筑所需砖瓦也主要依靠本地。在苏州城北的齐门外陆墓一带砖窑林立，能够烧制优质的砖瓦，历史上还曾被钦定为"御窑"。三山岛传统建筑所用的砖瓦大多来自于此。良好的自然环境、便利的交通水路为三山岛建筑需求提供了有利的条件。

4.2 太湖三山岛传统村落建筑特征

4.2.1 建筑风格

4.2.1.1 太湖地区民居建筑特点

太湖地区属亚热带季风气候，四季分明，雨水充沛。因雨水较多、空气潮湿，该地区岛屿上留存下来的民居多为明清时期的砖木结构民居。由于受湖水阻隔，岛民们仅靠"以楫为马"的交通方式与外界联系，因此岛内民风淳朴，很少受外界影响，传统民居的风格也就较为独特，且相对稳定。

太湖地区岛屿同属江南，但它们没有江南水乡的河渠水网，布局上也就不同于周庄、同里那样因水成街，沿河建房了。但太湖岛屿上的人也是江南人，因此房屋式样、布局等相似，但又有自己的特点和风格。太湖岛屿传统民居的结构形式主要体现为木结构体系，它们多为穿斗式和抬梁式结合的混合结构，并采用砖墙结构做外围护结构。这些民居有平房，也有楼房，按建筑面积来分有小型、中型和大型三种。小型民居多体现为堂屋带左右厢房三间平房带前院或以三合院中间天井为一进；中型民居数量最多，以多进三合院为主要形式，多进间均以天井相隔，一般以墙门、天井、堂屋、天井、内楼为主要序列关系；大型民居皆成多进厅堂式布局，前堂后寝，屋厦敞亮，装修考究，门楼砖雕精致，厅堂门窗深雕花饰细腻逼真。由于受山势地形限制，太湖岛屿上的民居不像平原大宅那样，一字纵深多进连绵布局，而是成曲尺型、田字型等，宅后或宅旁也有花园园林。现东山镇的葑门彭宅、天官坊陆宅、杨安浜吴宅、景德路杨宅等都是典型的大型民居。

太湖岛屿传统民居的其他建筑特点为房屋环岛而建、多楼房、多台阶式等，这些也皆因地处岛屿之故，与陆地上的其他江南传统民居有所不同。当然，它们与其他江南民居也有着一些共同点，如营造技艺精湛、用材讲究、雕刻精美，充满着吴文化的底蕴。

4.2.1.2 三山岛民居建筑特点

三山岛传统民居历史悠久，但保留下来的传统民居主要以明清传统民居为主。

三山岛传统民居的诸多特征都显示出了苏州香山帮建筑的特点。苏州香山帮建筑是我国著名的建筑帮系之一，以名匠辈出、风格独特、博大精深而闻名中外，在中国建筑史上占有重要地位。它又称苏式建筑，或苏派建筑，除了少数的寺庙、会馆、公所、衙署、义庄、书院、仓库外，面广量大的是各式各样的富有水乡特色的民居，其特点是梁架结构恢宏奇巧，戗角飞翘，房屋装修典雅，园林建筑秀丽多姿。它是一个历史悠久、源远流长的建筑流派，源于春秋战国时期，兴盛于明清。

从文化大背景上来分析，香山帮是太湖区域吴文化的产儿，它是苏州乃至苏南地区古典建筑的代名词。香山帮工匠的主要成就体现在苏州旧住宅上，接下来就从下面几个方面来说明三山岛传统民居与苏州旧住宅的相近之处：

从平面布局来看，苏州旧住宅一般有较明显的轴线序列。大型民居有多条轴线，按顺序布置照墙、门厅、轿厅、大厅、楼厅等，每进均隔以天井，另有书房和次要房间布置在其他轴线上；中型民居也沿纵轴线布置照墙、门楼、原堂、楼厅等，一共三进，每进也用天井分隔相连；小型民居一般为门间和卧室两进平房（图4-2-1）。

三山岛传统民居的平面布局方式也基本以轴线对称为主，每进房间以天井作为分隔，与苏州旧民居颇为相似（图4-2-2）。

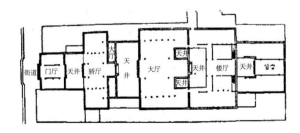 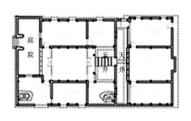

图4-2-1 东山镇敦余堂平面图

图4-2-2 三山岛黄宅平面图

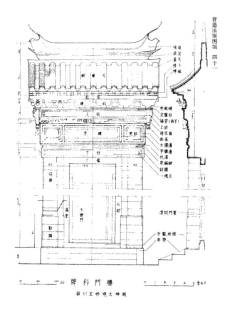

图4-2-3　苏州玄妙观大神殿门楼
图4-2-4　三山岛清俭堂门楼立面图

从立面形式看，苏州旧住宅和三山岛传统民居山墙的处理方式都以硬山式外山墙和博风墙为主，另有大型住宅有屏风墙立面形式，屏风墙又有三山屏风墙和五山屏风墙两种。入口大门处均有门楼或墙门，且都为砖雕门楼，雕刻面朝向内，这些精美的雕刻和特殊的表现方式是其他地区民居中所没有的。另外，三山岛传统民居还保持了苏州旧住宅粉墙黛瓦的清雅色调，韵味十足（图4-2-3、图4-2-4）。

从结构形式上看，苏州旧民居和三山岛传统民居均多为硬山式的砖木结构，用抬梁和穿斗的混合木结构承受屋面和楼面的重量，以空斗墙或实砖墙来围护及分隔空间。大木作中，常可见山雾云的斗栱做法。

苏州旧民居和三山岛传统民居还在其他木雕、砖雕、石雕等多方面有很多相似之处。以上所述虽为部分相近之处的内容，却足以证明三山岛传统民居蕴含着香山帮建筑的精髓。

4.2.2　建筑形态

建筑形态，从狭义上来说，即一种具体的形态类型，属于艺术形态中的一种。与艺术形态中的其他类型不同，建筑形态具有其特殊性。建筑形态的定义和分类很多，在这里仅从平面形态、立面形态和空间形态这三方面进行分析和论述。

4.2.2.1　平面形态

1. 单轴线的中小型民居

因受儒家"左右对称，长幼有别，尊卑有序"的封建礼制影响，三山岛上的传统民居以轴线对称布置为主。根据现场调研分析，中小型传统民居大多具有明显的中轴线，正间为堂屋，次间或边间为厢房，另有厨房及杂物间等共同围合成三合院空间，中间为天井，供采光通风之用（图4-2-5）。另外，岛上传统民居的布局大多依山就势，因此偶尔也会有为避开山地而产生的非对称布局的形式，其天井及院落等随地形呈不对称分布。明代查六年宅就是因地势原因而呈不对称布局的一例（图4-2-6）。

岛上明清时期的传统民居，在平面中最大的区别是堂屋的开间，明代以三开间堂屋为多，而清代除大厅、花厅常为三开间，楼厅和内堂屋均为一开间。查六年宅和留耕堂均属明代建筑，其堂屋均为三开间（留耕堂以中间天井为对称，其左为明代建筑，其右为清代建筑，因讲究布局对称故亦作三开间堂屋）。而黄沾良宅和张叙生宅均为明末清初民居，其堂屋开间很明显变小为一间。

图4-2-5　明清典型平面布局示意图
图4-2-6　查六年宅平面图

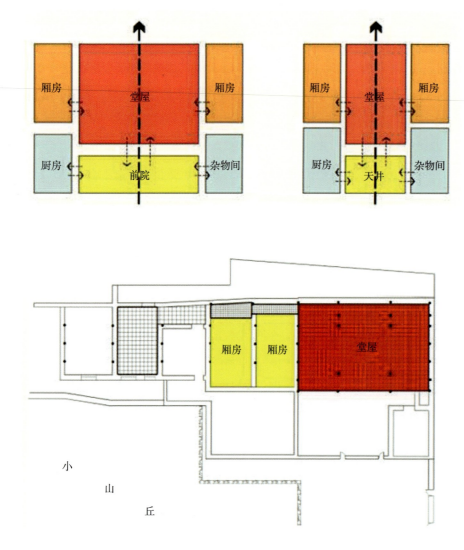

2. 多轴线多进式的大型民居

大型传统民居则体现了多轴线多进式的平面布局，即有多条轴线和多进房间，而每进房间又以天井分隔，这也是苏州香山帮民居的特点之一。基本以南北朝向的纵轴线为主，在中间轴线上的自外而内大致依次为照墙、门厅、轿厅、大厅、楼厅、闺楼等，在这条轴线上的房屋称为正落。两边还各有一条纵轴线，分别布置书斋、花厅、藏书楼和厨房、杂物间等，这两条轴线上的房屋称为边落。在正落和边落之间一般还会留有备弄，用于女眷及仆人的行走通道，也起防火防盗的作用。

清俭堂是岛上留存下来不多的大型传统民居之一，现有大小房屋54间，天井及院落数量达12个之多，建于清乾隆四十三年，是典型的清代建筑，后人在其东侧又有加建，其平面形制就不如以前所建房屋规整了。与苏州香山帮的大型传统民居略有不同，也可能限于规模所致，清俭堂只有两个轴线，一正一边，而非绝对对称的一正两边式，因其两边合为一边，故在边落上可以看到花厅、书斋，而后是厨房及杂物间等（图4-2-7）。

4.2.2.2 立面形态

1. 形式多样的山墙面

岛上传统民居的特色一般都体现在外立面上，而外立面最有特点的又是山墙面的处理。当地山墙面根据立面形态的不同，分为硬山式外山墙、博风墙、屏风墙等。

硬山式外山墙是最普遍而简单的一种形式，主要根据木构架提栈（宋式称举折）确定屋面的提栈放坡，使屋面同硬山形成一体的曲线美，上部做抛枋，即增加墙面线脚，又可以防止雨水渗湿墙面，有条件的还在下部做勒脚，另外还用铁搭把木柱与外山墙砖石拉结，成为整体。黄沾良宅立面图中铁搭的位置很明显得表明了内部柱的位置（图4-2-8）。

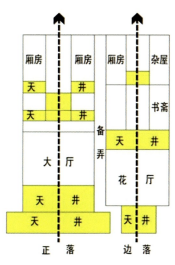

图4-2-7　清俭堂平面图及轴线分析
图4-2-8　硬山式外山墙——黄占良宅立面图

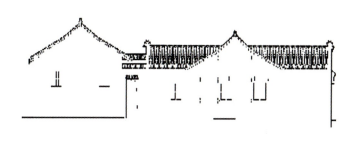

博风墙是为使硬山墙更具有美观感，将抛枋做成弧线形，上部垛方较大，下部较小，逐步缩小形成弧度。查六年宅和留耕堂均有此做法，但留耕堂略有不同，上部小而下部较大，弧形线脚亦流畅优美（图4-2-9、图4-2-10）。

屏风墙是大型传统民居中主要用于厅堂山墙面的做法。有三山屏风墙和五山屏风墙之分，主要根据厅堂的进深大小而定。但岛上清俭堂亦有所不同，因其进深大，故在五山屏风墙两边又增加一个层次，演化为七山屏风墙，这在江南一带是比较少见的。两边安装花边滴水，顶部做甘蔗段屋脊，把屏风墙装饰成很多线条，即美观、防火、有安全作用，又使宅第间有非常明显的界限之分（图4-2-11、图4-2-12）。

2. 独特的门窗

三山岛传统民居体现了造型轻巧、色彩淡雅、梁架工整、雕刻精致的特点。其外观质朴，内涵丰富，秀外慧中。每一处传统民居从外表看都朴实无

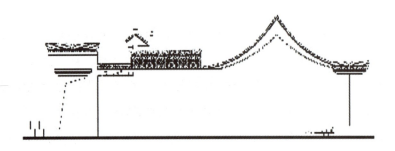

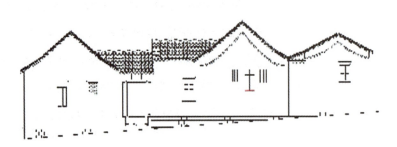

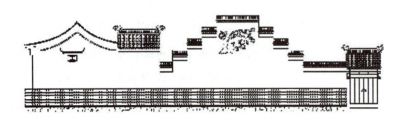

图4-2-9　博风墙——查六年宅立面图
图4-2-10　博风墙——留耕堂立面图
图4-2-11　清俭堂立面图
图4-2-12　清俭堂鸟瞰图
图4-2-13　清俭堂门口内立面

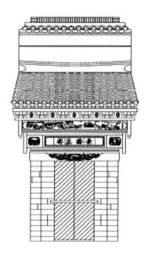

华，然而迈进门去，便会看到精雕细刻的门楼、窗户和栏杆等。

窗的种类很多，有各种小窗、半墙窗、落地长窗等。岛上民居的平面布局都是内向型的，以天井为中心，正间堂屋，次间或边间厢房及辅助用房，围合成三合院形式的内向空间。因此，对外的开窗较少，也较小，有的山墙面甚至没有开窗，完全把窗开向天井。对外开小窗，可有利于防火防盗，但室内光线略显不足。

大门一般分门楼和墙门（又称门罩）两种。平面多为内八字，立面按比例做出线条、垛头、砖细作雕刻等。岛上大门的特点是外观矮小朴实，内里高大精致。明代门楼内很少雕刻文字，而清代门楼多雕刻题字。张叙生宅为明末清初建筑，其门楼保留了明代门楼的特点，线条简单，没有多余繁杂的雕刻及文字。而清俭堂因其为清代的大户人家，门楼的制作和式样就比张叙生宅要复杂很多（图4-2-13）。

4.2.2.3 空间形态

1. 丰富的空间序列关系

三山岛传统民居的空间形态非常丰富，从巷道进入大门后，先进入一进天井院落，接下来进入堂屋空间，条件较好的传统民居房间较多，由天井将其分隔，一进接连一进，由此形成丰富多变的内部空间。从人的行为因素出发，大致可将其最基本的空间序列由外而内排列为"巷道空间—入口空间—天井空间—厅堂空间"。从心理因素出发，这种空间关系又可以理解为"室外空间—

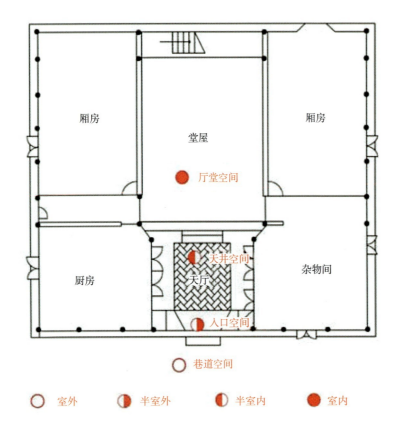

图4-2-14　张叙生宅空间序列分析
图4-2-15　黄沾良宅空间序列分析

半室外空间—半室内空间—室内空间"。以小型传统黄沾良宅和中型传统民居张叙生宅为例，图示说明这种空间序列关系（图4-2-14、图4-2-15）。

2. 天井空间的比例关系

从上述分析可知，天井空间既是室内空间的外延，又是室外空间的继续，它在平面中起承上启下的作用，活跃空间气氛，在传统民居中占非常重要的位置。

三山岛传统民居中几乎每户都有天井空间，它的作用不仅在于联系，通常还用它来解决采光及通风等实际问题。

《营造法原》中对天井空间的比例规定有所记录"天井依照屋进深，后则减半界墙止"。说明第一进天井深度与房屋进深相等，界墙后的天井深度则减少至堂屋的一半。依此来看，岛上传统民居的天井空间相似，又与其有所不同。以张叙生宅为例（图4-2-16），它是二层的楼房式民居，其天井深度与堂屋进深的比例约为1：2，而其深度与高度的比值也约为1：2。说明仅有一个天井空间的民居，其天井比例与多天井空间的后天井相似，其深度"减半界墙止"，而其高度约与檐高相等。

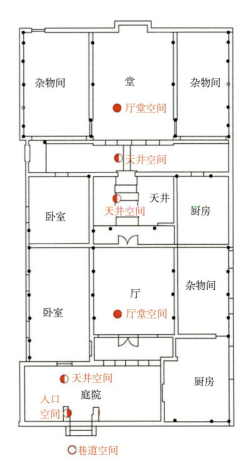

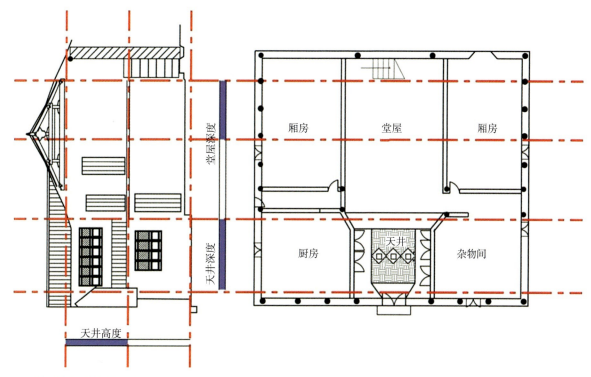

图4-2-16 张叙生宅天井空间分析

4.2.3 建筑构造

4.2.3.1 地基与基础

1. 地基

在房屋营建中大都以瓦工为主,来丈量建筑物地面尺寸,定位放线设定龙门桩(图4-2-17)。所有墙的轴线定位全都标记在龙门板上,所以一般龙门桩都要钉在不影响基础开挖的地方。放灰线所用的都是粗棉线,两头拉直再放出灰线,所放出的线就成了建筑物基槽边线。所有传统民居的基槽坑开挖大多由瓦工负责把关,跟学徒工一起开挖,所有开挖的基槽与基坑都在房屋的重要轴线位置,不能歪曲弯斜。虽然三山岛季节性气温变化没有北方大,但冬天仍有零度以下的低温天气。为了防止冬天基槽底部冻坏松动,工匠们一般采用稻草、草片、草灰盖底保护。又因为地处江南一带多雨水地区,营造时还要注意避开梅雨季节和夏天的雷雨天。

2. 基础

三山岛盛产石材,因此很多民居宅第并不都用砖砌基础,而是为节约青砖减少造价,在不影响质量的前提下,采用毛石冷铺设(无胶结料的干铺)做基础。毛石大小不等,必须要有一定经验的工匠根据毛石的体量、形状等进行砌筑。另有一种灰基础做法,是指细石灰与细土拌合(30%细石灰和70%细土),铺入基底分层夯实的基础。这种做法也是在经济能力低、交通运输不便、取材困难的情况下采用的。

4.2.3.2 台基及地坪

1. 台基

普通民居基础做完，至室外地坪面勒脚有压口石式的台基基础，通常为室内抬高一踏步，室内外相差一步的普通式台阶基础平面。这种做法有利于防潮。有台基地坪的标高不同，对台基连接的做法也不同，所以要注意台基平面的锁口石位置和宽度，靠内边都应设置柱磉石，在砌筑台基时还要考虑到柱磉石位置留设、上部木构架采用什么梁柱、尺寸多少等因素。

2. 地坪

一般传统民居只采用灰土及小青砖铺设或方砖铺设地坪。在古代由于科学技术比较落后，对地坪铺设处理也比较简单，一般都用人力把原土用木夯夯实，有时也采用一些三七灰土的办法处理垫层，能保持地面土层的稳定性。砖有很多铺设方法，因此铺地有很多样式。岛上的诸多传统民居中，室内外铺地种类都很多，如留耕堂室内外有七、八种铺地做法（图4-2-18）。

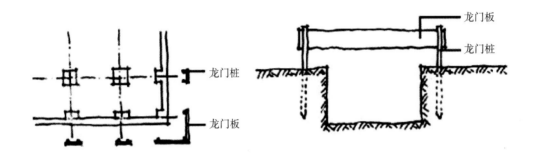

图4-2-17 龙门桩和龙门板定位示意图

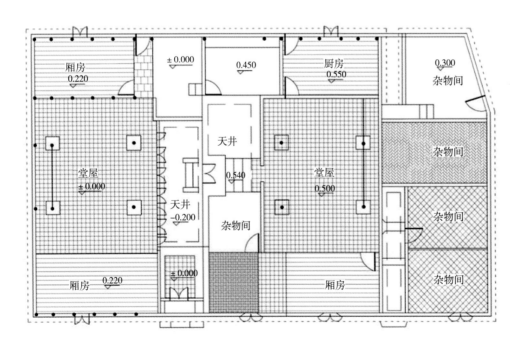

图4-2-18 留耕堂铺地图

4.2.3.3 木结构梁架

1. 木结构体系及种类

岛上传统民居有平房和楼房两种。平房是指一层的传统民居,多为普通百姓居住。楼房是指二层或局部有二层的房屋,厅堂有二层的岛上民居多采用砖木结构体系,即以木结构承重,而墙垣仅隔在外圈,起围护、避风雨作用的结构体系。作为主体木结构,岛上最常见的是穿斗式与抬梁式相结合的混合结构,即边贴为穿斗式,正帖为抬梁式,这种做法可以使正间获得较大空间。岛上木构架基本保持了宋式柱梁作木构架的特点称为楼厅,为富裕人家应酬居住之用。清俭堂中就有典型的楼厅。

2. 营造过程

根据木构架体系的承重情况,可以将其分为三类:"其直立支重者为柱;其横者为梁、桁、椽;其介乎两者之间,以传布重量者为牌科(北方称谓斗栱)"。牌科起的是承上启下的作用,因此,当瓦工平磉之后,木工进行木构架的营建顺序为:立柱—装牌科—上梁—架桁—钉椽。所谓上梁就是指屋的木构架竖起来后,安装屋架顶端中间的一根正梁。在上梁之前岛民们还要进行整个营建过程中最隆重、最热闹的上梁、抛梁仪式。具体内容是贴对联、祭祖师爷、上梁、献宝接宝、抛梁、唱赞歌等。按上述顺序营建直至钉完椽木,木构架工序即可告一段落。

4.2.3.4 墙垣

1. 墙垣砌筑方法

木构架用于承受屋面重量,而其外围护需用墙垣来完成。传统民居的墙垣有很多种砌法,以砖的重量大小、墙体结构构造来确定砌筑方法。有实滚砌、花滚砌、开斗砌(空斗墙)填空墙中间填上乱砖。开斗砌可分为单丁砖砌法、双丁砖砌法等。空斗也分为全空斗(不填碎石)和可填空斗两种。岛上传统民居常用的砌筑方法是单丁砖砌法(又称单丁斗子)和大小合欢等(图4-2-19、图4-2-20)。

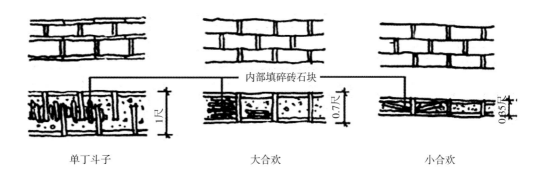

图4-2-19 三山岛民居常见墙垣砌法

图4-2-20 留耕堂外墙与查六年宅门楼单丁斗子砌筑

2. 墙垣种类

墙垣种类按功能分有外山墙、内隔墙、半窗墙等。外山墙又根据立面形态的不同,分为硬山式外山墙、博风墙、屏风墙、观音兜(多用于祠堂建筑)等。

通过前面对立面形态的分析可知,岛上普通传统民居大多采用硬山式外山墙和博风墙的形式;大中型传统民居也有采用屏风墙的做法。前者做法相似,在顶部与屋面相交处,均有抛枋做法,差别仅为直线或是弧线。

抛枋就是外墙上部以青砖做成类似木枋的枋子。这种做法可增加墙面线脚,并对外墙面的防雨有很大作用。抛枋的种类、做法均有很多,特别是垛头的高低大小、线脚的砌筑路数、粉刷的工艺线条各具特色。

为了内部使用不受影响,一般内隔墙的厚度都不大,也有一些用半砖墙来做隔墙。为预防冬天寒风入侵,岛上传统民居在厢房靠近天井、楼房靠南立面等处都会做半窗墙,下部砌成半墙,上部安装古式短窗,这样既能减少寒风,又预防雨水淋湿渗入室内,同时又可确保室内通风透光。

4.2.3.5 屋面

岛上传统民居制作屋面的顺序是铺望砖—做屋脊—铺屋面瓦。

1. 望砖

在木工钉完木椽子后,瓦工就可以在木椽子上铺设望砖了。望砖一般根据是否铺设在仰视可见的地方,而分为糙望、披线望砖和细望。后两者都是可以直接看见,因此做工较讲究,具有一定视觉效果,细望的制作工艺比一般望砖更为复杂。望砖在铺设时要注意先挑选出大小一致、表面平整的以五块一皮,上下交叉堆叠,以免砖灰浆水流至底部,望砖结块硬化,不易浇刷。其表面涂刷的砖浆水在配制时要考虑房屋的总体面积,以确保有足够数量让所涂望砖颜色一致。

2. 屋脊

屋脊的种类有龙吻脊、纹头脊、甘蔗段屋脊等。三山岛传统民居最多见纹头脊和甘蔗段屋脊。纹头脊在脊头的式样又有回纹式、立纹式、洋叶式等，其中清俭堂采用的是回纹式和洋叶式两种典型的纹头脊。甘蔗段屋脊常用于一般的平房和屏风墙上，缩进半楞盖瓦（图4-2-21、图4-2-22）。

3. 屋面瓦

岛上广泛使用的屋面瓦均为小青瓦（又称蝴蝶瓦），铺设屋面瓦的关键是处理好屋面的坡度（江南一带俗称提栈，宋时称举折）。把准备好的瓦片运到屋顶，按比例将底瓦和盖瓦分开堆放。先确定檐口瓦头的位置，然后工匠们在屋面望砖上糊灰泥，由自下而上的顺序铺设底瓦，底瓦上下搭接长度不少于整张瓦的三分之二长，在放置好的底瓦空隙内垫上碎瓦，固定不松动。然后在两底瓦间的沟槽内抹灰泥，沿铺好灰泥的瓦楞盖上小青瓦盖瓦，由此类推。注意盖瓦脚要落在底瓦上，这样瓦楞和底瓦才能形成一样的弧线。

4.2.4 建筑材料

4.2.4.1 木材

三山岛几乎所有传统民居都是砖木结构，虽然三山岛以果树居多，但其承重能力低，不能满足建筑的结构要求。承重性和抗震性较好，又便于雕刻装饰的杉木、松木、香樟及其他杂木大多由水路从外地运来，而考虑到经济原因，主要以安徽、浙江两地运来居多。这在一定程度上限制了岛内营建活动中对木材的应用和发展。

4.2.4.2 青砖、小青瓦

青砖多出现在外墙、门斗、地面等处。它的特点是有隔潮去湿的作用，且耐磨性好。根据所施位置不同，规格也不一样，比如外墙砖、内墙砖、望砖、地砖等规格各有不同，根据房屋等级的不同，其规格也会有所差异。

小青瓦，又称蝴蝶瓦，是三山岛传统民居中最常见的建筑材料之一，广泛应用于各种房屋的屋面。一小青瓦有盖瓦和底瓦之分，一般规格为盖瓦18厘米×18厘米（16厘米×16厘米），底瓦20厘米×20厘米配套使用（图4-2-23）。

江南一带有南北窑之分，南窑以嘉兴、嘉善一带的土窑为主，北窑以苏州城北陆慕、太平、城东唯亭、车坊、昆山、大同一带土窑为主。三山岛传统民居所用砖瓦大多来自以苏州城东一带土窑为主的北窑。因产地较近，通过水路

图4-2-21　清俭堂纹头脊
图4-2-22　清俭堂甘蔗段屋脊
图4-2-23　张叙生宅门斗小青瓦

运输也十分便利，可以满足岛上营建所需。

4.2.4.3 石材

三山岛上盛产石灰石和花岗石。石灰石（俗称青石），据记载最初仅用来烧制石灰，至唐代发现其质地细腻柔润，软硬适中便于雕刻，后来除烧制石灰外，就直接作建筑材料。因此大量应用在传统民居中，而且就地取材也非常方便。

花岗石也是岛上盛产。其硬度高，不易风化，常用于高级别的建筑上。岛上至今还有宋代"花石纲"遗址，这里原来是用于为皇家宫殿建设的采石场。

4.2.4.4 明瓦

明瓦是当地一种特有的装饰材料，用大小适中的贝壳磨薄至透光，安装于窗户及屋顶等需要采光处。这种材料方便取材，原来也常应用于乌篷船上，具有明显的地域性，比传统窗格围护材料具有更好的防雨和耐久性。目前，岛上仅存的明瓦实例之一，在张叙生宅内二楼窗格处，十分珍贵（图4-2-24）。

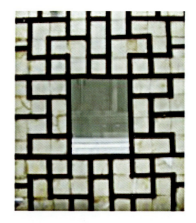

4.2.5 建筑装饰

三山岛的建筑装饰艺术以雕刻艺术最为突出，主要有木雕、砖雕、石雕三大类。岛上传统民居的重要特点就是外观质朴，内部装修却非常考究，从入口的石雕到入口大门内的砖雕，再到室内门窗的木雕均做工精细，轻松灵活，构图不拘一格，可谓美轮美奂。

4.2.5.1 木雕

根据雕刻所施位置不同，木雕大体可分两大类。一类为大木作雕刻，即木结构梁架部位，如梁、枋、牌科等；另一类为小木作雕刻，即门窗、栏杆、飞罩、挂落、纱隔等的室内装修，当地称为装折。第一类雕刻因多数位置高、离得远，不用特别精细，所谓"一丈高，不见糙"，而小木作雕刻则更能充分展示木工的雕刻技艺（图4-2-25）。

4.2.5.2 砖雕

砖雕技艺在三山岛传统民居中显得格外引人注目，因为它的特点是既有木雕的纤细精巧，又比木雕牢固，耐雨水侵蚀，所以几乎家家户户都有砖雕的身影，真应了那句"无雕不成屋，有刻斯为贵"。尤其在入口大门处，大门分墙门（又称门罩）和门楼两种形式，都是砖雕大门，且雕刻面朝向内，细致生动，含蓄内敛，与徽州一带传统民居门楼的砖雕面向外的风格不尽相同（图4-2-26）。

图4-2-24 张叙生宅明瓦
图4-2-25 大木雕与小木雕
图4-2-26 雕刻精美的砖雕门楼

砖雕材料为质地细腻的水磨青砖，当地人称"做细青水砖"。主要装饰于门楼、墙门、垛头、抛枋、隔墙等处。砖雕可以在一块砖上雕，也可以几块砖组合雕刻，一般都是预先雕好再安装。雕刻程序大致为修砖—上样—描刻—雕凿—打磨—修补—上色等几个步骤。

4.2.5.3 石雕

三山岛传统民居的石刻材料多为花岗石和石灰石。因为当地盛产石材，所以石雕是当地的传统技术之一。石雕多应用于柱磉石、台阶、门框、栏板、地坪等处。石雕技法跟砖雕基本相似，其程序也很类似，不同之处在于对原材料的加工，比砖雕要多几个工序。比如先粗加工，把石面的凸起部分凿掉，再粗略将周身凿一遍，接着细加工直至表面光滑整洁，之后才可以进行细致的雕刻操作。

4.2.6 现状存在问题

4.2.6.1 人口问题

1. 人口年龄结构问题

三山岛户籍迁入迁出较少，年龄结构趋向于中老年化，呈现劳动力不足的现象。目前，三山岛居民大多数是老年人，由于岛内交通不便，公共服务设施较少，生活不便，青年人多在苏州市其他地区工作，只有少数青年在岛上从事与旅游业相关的工作。由于缺乏基础教育设施，少年儿童除节假日外，基本都在岛外上学。据调查了解，三山岛自古就存在人口老龄化问题，受生活所迫，岛中青壮年外出务工，等年老时，回到故岛，在优美秀丽的自然风光中安度晚年，在明清时期，受到水上交通和江南丝织业兴盛的影响，来往商运帆船聚集在三山岛停留休憩，带来了商机，成就"太湖驿站"的兴起，在那个时期兴起创造了就业机会，一定程度上缓解了人口老龄化问题（表4-2-1）。

三山岛人口年龄构成表　　　表4-2-1

性别	总人口（人）	18周岁以下（人）	女55周岁以上，男60周岁以上（人）	女18至55周岁，男18至60周岁（人）
男	375	31	171	231
女	430	28	82	260
总数	805	61	253	491

2. 人口容量问题

三山岛本岛总面积约1.6平方千米，由于其独特的岛屿环境，人口容量受到土地资源、环境容量、交通容量的限制。首先，三山岛土地极为有限，人口越多，所需建设用地也越多。其次，随着人口的增加，污水排放增多使水环境质量遭受影响，垃圾增多而固废处理能力无法与人口数量相匹配，也会使生态环境恶化。最后，三山岛对外交通不便，主要依靠快艇和游船运送各种生活物资，并满足交通需求，交通运输能力对人口数量具有限制作用。此外，在发生灾害的紧急时刻，避难疏散能力与交通运输能力和人口数量密切联系，在交通运输能力的限制下，人口越多，其疏散能力越弱，因此，三山岛人口容量还与三山岛安全防灾密切相关。

4.2.6.2 产业发展问题

1. 农业发展问题

三山岛地处湖中，山多地少，整个行政村的耕地面积不足10公顷，占总面积的6%左右，可耕地尤其是基本农田少，并且农业用地分布较为分散，导致三山岛无法进行大规模、高效率、集约化的农业生产（表4-2-2）。

农业生产没有形成鲜明地方特色，全岛农业生产以果树种植和茶树种植为主，碧螺春茶、白沙枇杷、马眼枣、油桃、石榴等是当地主要农产品，并以"马眼枣"为"一村一品"，但从实际情况来看，"马眼枣"的"一村一品"的经济效应没有凸显，也并没有发展形成具有代表性的现代农业观光园。

村庄用地平衡表　　　　　　　　　　表4-2-2

用地类型	用地面积（公顷）	占总用地比例（%）
村庄用地	36	21.79
耕地	9.2	5.57
公共设施用地	1.3	0.79
道路用地	1.8	1.09
山体林地	230.6	81.95
水域	2.5	1.51
总用地	281.4	100.00

2. 工业发展问题

在三山岛的发展历程中，曾经有过发展工业的历史。20世纪80年代，苏州农村乡镇工业蓬勃发展，进入高峰期，广大农民深受其益，"无工不富"成为共识。三山人也开动脑筋，开办了一些工厂，如吴县友联有机工艺厂、太湖五金厂、吴县三联排印厂、吴县思梅食品厂、地毯厂、缂丝厂，但因湖岛僻远闭塞，交通不便，而岛上又资源缺乏，需从外边运输进来，造成成本高，利润低，加之资金、技术、信息、人才等的匮乏，最后都以失败告终。在无数次的尝试和失败之后，三山人终于找到了适合他们生存和发展的"无烟工业"——旅游业。至今为止，三山岛上依然没有工业。

3. 旅游业发展问题

根据实地调查发现，旅游业发展使较多居民收入水平提高，但旅游业的发展也存在着不少问题。

（1）旅游产业升级困难

受到三山岛人口容量和旅游接待容量的限制，"农家乐"形式的低端旅游发展模式效率较低，收益不高可以预见很快会达到瓶颈，而单纯的高端旅游开发模式三山岛旅游发展也不符合当前三山岛的实际情况，且有可能对三山岛居民的生活生产造成重大影响，旅游产业谋求升级困难重重。

（2）游览景点建设有待加强

游览景点建设方面存在如下问题：游览景点散乱、不成体系；对山与水的旅游开发不足；现有旅游资源以自然景观为主，缺乏核心地方文化的打造；岛内公共厕所、游客接待处、候船码头、路边休憩设施、购物商店设施等公共服务设施建设有待加强；道路支路系统有待完善，线形有待改进。

（3）旅游业对三山岛生态环境造成影响

旅游业发展对生态环境存在较大影响，从好的方面而言，开发旅游业促使三山岛加快环境整治保护和景观设计建设，一定程度上对生态环境是有利的，然而游客人数增多使三山岛污水和固废排放增多，进而对生态环境造成的不利影响也是亟待解决的问题。

（4）游客人数受到门票费与入岛交通的限制

在实际调查中发现，有不少游客和村民都反应门票费和入岛交通不便是当前旅游业发展的主要限制条件，对村民而言，开办农家乐主要依靠游客人数来盈利，每增加一名游客所增加的成本要远小于其所获得的利润，但收门票费和入岛交通费对游客人数具有限制作用。当然这个问题从另一个角度来看，限制入岛游客数量其实也是一种对三山岛生态环境的直接保护措施。因此，本次规划需要重点探讨的是怎样的收费模式和定价多少最有利于三山岛的发展和保护。

将以上问题进行综合分析，游客旅游使村民和村委会获得收益，但若不采取有效措施，会对三山岛生态环境造成破坏，村委会通过村庄管理、景点规划建设以及基础设施建设，打造出舒适的旅游环境，利于吸引游客并进一步增加岛上居民的旅游收益。而游船公司收取船票以及村委会收取门票又对游客数量有抑制作用，但却因限制了入岛人数而利于三山岛的生态环境保护。

（5）旅游开发缺乏灵魂

目前三山岛最大的旅游开发价值主要是两方面：生态环境和历史文化。生态环境是发展旅游的基础，历史文化是魂魄，品味由此而来。目前三山岛生态环境优势已经十分明显，但历史文化特色却并没有成功构建。而三山岛本身历史悠久、具有很高的人文研究和史地研究价值。三山岛在乾隆时期是鼎盛期，岛内有十个大姓，村落布局合理，地上地下文物丰富，是研究湖岛村落形成的化石。三山岛的分布按照湖湾来分布，六个古码头，按照港湾的布局进行建筑分布，湖岛山村的特色突出，这些特点、特色的挖掘、展示亟待在本次保护规划中重点打造。

4.2.6.3　问题总结

当前三山岛发展存在的主要矛盾为：

（1）车船公司把握上岛交通要道，遏制咽喉，严重影响三山岛的旅游业发展。

（2）村民与村委会在村庄环境保护与经济发展的大原则上保持一致，但是在门票收入分配与使用、基础设施建设、固定资产投资、景点建设、村庄管理等方面沟通不畅，存在误解、相互不理解。

（3）当前农家乐的发展普遍提高了村民的家庭收入，但是未来农家乐模式增收将受到环境容量、生态湿地等诸多限制，发展瓶颈凸显。

（4）旅游业的发展，使得传统农业发生了两极分化：一部分村民入股参与规模农业生产与观光农业建设，收入稳定；绝大部分村民维持家庭生产，受到旅游业的负面影响以及生产分散、不集约等弊端，农业生产日渐凋敝。

（5）生态环境的优势是吸引游客的最重要因素，但是还没有转化为直接产出。对生态环境，尤其是国家生态湿地公园的后续利用有待加强。

因此，如何协调古村落保护与产业发展、环境保护与村民增收三者之间的矛盾，处理好车船公司、村民入股、村庄建设管理等影响因素，是当前三山岛发展面临的最主要问题。

4.3　传统村落群保护与传承规划

4.3.1　应对新时期带来的机遇和挑战

1. 国家大力推进传统村落保护发展战略

2013年是我国国民经济和社会发展的第十二个五年计划的第三年，在加快经济结构调整方面，中央明确提出"培育发展战略性新兴产业，要注重推动重大技术突破，注重增强核心竞争力"。推动战略性新兴产业快速健康发展是加快转变经济发展方式的必然要求，党和国家提出的经济社会全面转型发展，对三山村来说是一次重大发展机遇。三山村应当充分利用自身古村优势，打造古村品牌，加快转型步伐。

当前党和国家对于历史文化遗产保护的重视上升到前所未有的高度。不仅建立了覆盖国家和省市两级的历史文化名城、名镇、名村保护制度，而且于2012年启动了中国传统村落申报制度，并在2013年的中央一号文件中向全党发出了"制定专门规划，启动专项工程，加大力度保护有历史文化价值和民族、地域元素的传统村落和民居"的号召。目前保护和发展传统村落工作由住房和城乡建设部、文化部、财政部主抓，正在全国范围展开。借此良机，苏州市委、市政府把传统村落申报和保护发展作为贯彻党的十八大精神，落实中央一号文件的重要抓手，列入议事日程，已经积极推进，付诸实际行动。三山岛如何更好地把握机遇，通过制定专门规划，启动专项工程，探索传统村落保护和发展的新路子，对于引领镇域内的传统村落传承弘扬农耕文明、加快新型城镇化建设，具有重要的现实意义和深远的战略意义。

2. 转型发展带给传统村落的机遇和挑战

经济社会全面转型发展带给传统古村落的既是机遇，也是挑战。我国进入转型期，将在科学发展观指导下，坚持以人为本，摒弃不惜以牺牲生态环境和文化遗产为代价，单纯追求经济指标增长的粗放型发展方式，更加尊重自然，敬畏历史，按照客观发展规律办事。保护文化遗产，传承中华文明也将得到各级领导前所未有的重视。尤其是越来越多的领导者和管理者转变思想观念，意识到保护文化遗产对于打造村镇文化品牌、提升村镇核心竞争力，具有不可替代的重要作用。因此，历史传统村落保护也受到越来越多的关注，成为政府工作的重要议事日程，在资金和技术上有了更多支撑和保障。一些过去想做而做不到的保护方案和保护措施，有了更多得以实施的可能。这对加强历史传统村落保护是千载难逢的好机遇。

但是随着转型发展期的到来，也有不少领导者和管理者有意或无意地步入了误区，认为利用历史文化遗产发展旅游经济是一条低成本、高回报的转型发展捷径。于是他们把目光投向容积率低、土地增值潜力大的历史传统村落核心保护区。以发展文化产业为由，通过打造国字号文化品牌，采取土地有偿出让，对历史文化街巷大拆大建，进行过度建设开发、旅游开发和商业地产开发，掀起新一轮大规模破坏。有的领导甚至急功近利，不切实际地试图在历史传统村落全面恢复汉、唐、宋、明、清古风，不仅严重破坏了文化遗产，而且造成了巨大的经济损失，给党和政府带来难以挽回的负面影响。

3. 选择三山村文化遗产旅游发展的切入点

保护历史传统村落，并非等同于排斥发展旅游。对于历史传统村落而言，以保护文化遗产为前提，利用文化遗产资源适度开发，发展旅游，不仅合理，而且十分必要。文化遗产只有在合理利用的情况下，才能得以更有效的保护，两者相辅相成。从一定意义上说，合理利用也是对文化遗产的保护，在埃及、希腊、意大利、英国、法国、德国、奥地利、土耳其、俄罗斯、波兰、保加利亚等国，以及亚洲地区的印度、日本、韩国、泰国、柬埔寨等，几乎没有哪个国家不把文化遗产作为旅游资源，有些国家还把文化遗产旅游作为本国发展经济的支柱产业，走出了保护与利用良性循环的路子，积累了丰富经验。

我国平遥古城是国务院公布的第二批国家历史文化名城。在探索名城保护和申报世界文化遗产的过程中，借鉴国外成熟理论和实践成果，创新了历史文化名城坚持保护与发展并举兼得的模式，使这座千年古城发生了翻天覆地的巨大变化。国内许多历史文化名城，也在文化遗产旅游方面尝试了有意的探索，其中既有成功，也有失败。所有这些努力，都给三山岛传统村落保护和发展提供了借鉴，虽然两者存在城与村之间的差别，但在保护历史文化遗产、寻求保护与发展并举的道路上具有异曲同工之效。

如今在我国经济社会全面发展的新时期，研究古村落保护，必然要筹划文化遗产旅游，这是进入转型发展期后应运而生的一种客观趋势，当因势利导，使之成为促进历史传统村落保护和发展的重要举措。而问题在于跻身激烈的旅游市场竞争，如何选择好适合自身旅游开发的切入点，寻找自己的合理定位。

三山村处在太湖之中，是苏、嘉、湖、常等地的交界处，选择文化遗产旅游的切入点，必须和周边的历史文化名城、名镇、名村，特别是和已经培育成熟的文化遗产旅游地进行认真分析比对，扬长避短，发挥自身优势（图4-3-1）。应当深入发掘历史文化内涵，突出三山村的特质文化，避免由于盲目决策导致的同质化，一方面力求和其他历史文化名镇名村优势互补，错位发展；另一方面有机融入区域性旅游发展的大脉络。为此本次课题研究对于环太湖地区的主要城市及三山村周边各历史文化名镇名村的历史文化和旅游特色进行了一番梳理，见下列"环太湖地区的历史文化及旅游特色表"和"三山村周边各村镇的历史文化及旅游特色表"，以期对三山村开展遗产合理运筹定位，确定旅游项目的开发实施提供帮助（图4-3-2、表4-3-1、表4-3-2）。

图4-3-1　区位图

图4-3-2　苏州市市区图

$\dfrac{1}{2}$

环太湖地区的历史文化及旅游特色表

表4-3-1

城市	旅游简介	自然景观	历史人文景观	交通
苏州	国家级历史文化名城；中国园林之城；有"水乡泽国"、"天下粮仓"、"鱼米之乡"之称；素有"人间天堂"、"东方威尼斯"的美誉	金鸡湖景区、虎丘山风景名胜区、沙家浜·虞山尚湖风景区等	拙政园、留园、狮子林、沧浪亭、周庄古镇、同里古镇、云岩寺塔、瑞光寺塔、罗汉院双塔及正殿遗迹、玄妙观三清殿、沧浪亭、报恩寺塔、苏州文庙及宋代石刻、盘门、寂鉴寺佛龛及造像、太平天国忠王府等	高铁、机场、国道、高速公路
无锡	国家级历史文化名城；国家生态市；中国民族工业和乡镇工业的摇篮；被誉为"太湖明珠"；素有布码头、钱码头、窑码头、丝都、米市之称	鼋头渚风景区、蠡湖新城风景区、梁鸿湿地公园、无锡长广溪国家湿地公园	古运河、南长老街、南禅寺、阿炳故居、崇安寺、薛福成故居、鸿山墓群、东林书院、寄畅园、昭嗣堂、泰伯庙和墓、惠山寺经幢等	高铁、机场、国道、高速公路
常州	全国文明城市；国家卫生城市；国家环保模范城市；国家园林城市；国家生态城市	茅山风景名胜区、天目湖景区、南山竹海	舣舟亭、常州淹城春秋乐园、天宁寺、篦箕巷、陈渡草堂、蓼莪禅寺、阖闾城遗址、淹城遗址、近园、唐荆川宅、金坛土墩墓群等	高铁、机场、国道、高速公路
宜兴	中国历史文化名城；中国优秀旅游城市；国家园林城市；被誉为院士之乡	龙背山森林公园、竹海风景区、善卷风景区、龙池山风景区、张公洞风景区、灵谷风景区	东坡书院、徐悲鸿故居、太平天国王府、骆驼墩遗址、国山碑、西晋周王庙、徐大宗祠、文昌阁、东坡书院等	高铁、国道、高速公路
湖州	国家卫生城市；中国优秀旅游城市；中国毛笔之都；国家森林城市；素有丝绸之府，鱼米之乡，文化之邦的美誉，且有南太湖明珠之称	大汉七十二峰、藏龙百瀑、莫干山、下渚湖湿地、龙王山、白茶谷、芙蓉谷、九龙峡、天下银坑	飞英塔、南浔古镇、铁佛寺、张石铭旧居、百间楼、潘公桥、陈英士墓、毗山遗址、胡瑗墓、千甓亭、嘉业堂藏书楼等	高铁、高速公路
嘉兴	中国历史文化名城；素有"鱼米之乡，丝绸之府"之称；"越韵吴风，水乡绿城"之誉	范蠡湖、瓶山、南湖名胜风景区、西塘古镇旅游区、九龙山旅游度假区、南北湖风景名胜区、盐官钱江观潮旅游区和乌镇水乡文化旅游区等	马家浜遗址、南河浜遗址、南湖中共"一大"会址、大运河（长虹桥）、子城、文生修道院、天主教堂、沈钧儒故居、金九避难处、曝书亭、白坟墩遗址、落帆亭、秀城桥、秋泾桥、双魁巷、皇坟山东汉墓葬群、吴家浜遗址、双桥遗址、支家桥遗址、曹墩遗址、步云遗址、雀幕桥遗址、国界桥、血印禅寺、冷仙亭、觉海寺、清真寺、仓圣祠、陆家坟遗址、姚家村遗址、钟家港遗址、高地遗址、沈曾植故居、严助墓、明伦堂等	高铁、国道、高速公路

通过表4-3-1的比较可以看出，在环太湖地区的主要旅游城市呈现明显的同质化，江南风格和水乡特征皆依托太湖水域的地理位置及其地形、地势和土壤质地。在地域文化特色上都属于吴越文化，城市之间的联系非常紧密，其建筑风格、民俗文化等都具有一定的关联性。从三山岛所属的苏州市来看，苏州独具特色的地方在于它的园林建筑，而且建置范围深入太湖中心，大小岛屿星罗棋布，是其他城市所不具备的。鉴于环太湖地区的历史和旅游资源特色，苏州完全可以视为该区域的文化旅游中心。

三山村周边各村镇的历史文化及旅游特色表

表4-3-2

村镇	简介	自然景观	历史人文景观	文化活动	交通
周庄	位于苏州市昆山市，中国历史文化名镇，素有"中国第一水乡"之称	白蚬江、南湖、庄田等	金福讲寺、永庆庵、澄虚道院、财神居、迷楼、沈厅、张厅、周庄博物馆、周庄舫、双桥、富安桥等	划灯、财神节、庆端午、昆曲等	沪苏高速、苏嘉杭高速
同里镇	位于苏州市吴江区，中国历史文化名镇、国家5A级景区，素有"东方小威尼斯"之誉	同里湿地公园	退思园、嘉荫堂、崇本堂、南园茶社、松石悟园、古风园、耕乐堂、珍珠塔、罗星洲、陈去病故居、王绍鏊故纪念馆、三桥、明清街等	走三桥、打连厢、端午竞龙舟、神仙会等	沪宁高速、苏嘉杭高速
甪直镇	位于苏州市吴中区，中国历史文化名镇、神州水乡第一镇、国家4A级旅游风景区、国家首批非物质文化遗产，素有"五湖之汀""水云之乡，稼渔之区"的美称、江南"桥都"	千年银杏树	保圣寺、白莲花寺、甪直牌坊、吴王夫差行宫、沈宅、萧宅、张陵公园、孙妃墓、张苍墓、澄湖出土文物馆、叶圣陶纪念馆、王韬纪念馆、甪直水乡农具博物馆、甪直水乡妇女服饰博物馆等		沪宁高速、苏沪高速、苏嘉杭高速、绕城高速
石湖镇	位于苏州市吴中区，素有"吴中胜境"、"吴中奇观"之称、越城桥石器时代文化遗址	上方山国家森林公园、孔雀园等	行春桥、宝积泉、越城桥、石湖精舍、渔庄、古观音堂、范成大祠、治平寺、石佛寺、茶磨山房、申时行墓、顾野王墓、楞伽塔、越城遗址、吴城遗址等	石湖串月	沪宁高速、苏嘉杭高速、绕城高速
木渎镇	位于苏州市吴中区，中国历史文化名镇、吴中第一镇、江南唯一的园林古镇，素有"聚宝盆"之称	灵岩山、天平山、灵岩山牡丹园等	严家花园、虹饮山房、古松园、榜眼府第、盘隐草堂、灵岩寺、明月寺、明清古瓷馆等	碰癫痢会、灵岩走月等	沪宁高速、苏嘉杭高速、312国道
光福镇	位于苏州市吴中区，江苏省历史文化名镇、全国环境优美乡镇，素有"湖光山色，洞天福地"之美誉、"桂花之乡"、"核雕之乡"、"苏绣"发源地之一	香雪海、石竹园、司徒古柏、七宝泉、铜井山、虎山、东崦山、西崦山、石壁、官上岭森林自然保护区等	司徒庙、铜观音寺、圣恩寺、光福塔、石崂庵、黄石碑、楞严经石刻、新四军太湖游击队纪念馆、虎山桥等	平台山禹王庙庙会、圣恩寺庙会、"抬猛将"等	沪宁高速
西山镇	位于苏州市吴中区，国家地质公园、国家森林公园	石公山、林屋梅海、缥缈峰景区等	太湖大桥、林屋洞、罗汉寺、包山寺、禹王庙、关帝庙、徐氏仁本堂等		沪宁高速、苏嘉杭高速
东山镇	位于苏州市吴中区，中国历史文化名城、国家地质公园、国家5A级景区，素有"花果山"之称	莫厘峰、雨花景区、铜鼓山、碧云洞等	紫金庵、轩辕宫、启园、雕花大楼、明善堂、灵源寺等	猛将会、城隍庙、观音生日庙会等	沪宁高速、苏嘉杭高速
东山镇陆巷村	中国历史文化名村、太湖第一古村	寒谷山、北箭湖、华龙池等	观音堂、陆氏宗祠、王鏊墓、古井、石板街、白沙码头、惠和堂、粹和堂、遂高堂等明清古建筑	祭猛将	沪宁高速、苏嘉杭高速、绕城高速、230省道
西山明月湾村	中国历史文化名村	大小明湾、千年古香樟等	凝德堂、邓氏宗祠、廉吏暴式昭纪念馆、古石板街等		沪宁高速、绕城高速
三山村	中国传统村落、国家湿地公园、国家5A级景区，素有"太湖蓬莱"之称	湿地公园、龙头山、板壁峰、仙人洞、十二生肖石、狮身人面像等	旧石器遗址、哺乳动物化石遗址、吴妃祠、三峰禅寺、古桥、古井、三山文物馆、清俭堂、师俭堂等明清古建筑	猛将会、抬财神等	沪宁高速、绕城高速

通过表4-3-2的比较可以看出，在环太湖地区名镇名村景区范围内，相对于同类的古村落，三山岛在文物、古建筑及珍稀程度上相差无几，然而其自身特点主要在于其得天独厚的地理位置——位于太湖之中，与陆路相隔，造就了其湖岛生态环境和自然资源，如太湖湿地；"太湖驿站"、"太湖蓬莱"之称，实际上突出了其地理区位的优越性。加大对传统建筑群落的保护、修缮，将其作为重要的旅游吸引点，并充分利用自身优势，将生态环境与历史文化相融合，走出具有自身特色的发展道路。

4.3.2 三山村保护发展的机遇和挑战

4.3.2.1 保护发展的机遇

1. 区域经济的迅猛发展，居民出游的主客观需求因素增加

长三角地区经济发展潜力巨大，土地面积10万多平方千米，占全国的1.1%；2009年常住总人口10011余万人，约占全国总人口的7.5%；GDP总量约为59711亿元，约占全国17.8%。长三角地区已经成为我国区域经济发展的重要增长极和亚太地区经济发展地带，以及具有较强国际竞争能力的外向型经济示范区。加快长三角的发展不仅是长三角地区的需要，也是加快国家经济发展的需要。主观上，长三角地区居民有进行放松、休闲旅游消费的需要，也有进行短线旅游活动足够的消费能力；客观上，三山岛的发展机遇、客源市场、开发投资环境、规划水平、开发建设与经营管理在逐渐步入正轨，有利于刺激游客量的增长和满足游客的旅游需求。

2. 长三角黄金旅游圈的打造，促使环太湖旅游圈的形成

在"长三角"经济一体化加速的大背景下，长三角地区的旅游合作已先行动了起来。沪、苏、浙三地旅游业呈现出相互交融、共生共荣的态势。长三角旅游圈中的15个城市达成共识：构建以上海为中心的长三角四小时旅游经济圈，互为市场，互送客源，提高区域内旅游的效率和水平，推进长三角旅游区域合作。苏、锡、常、湖四城市共居太湖，各具特色，从竞争走向联合携手来共同开发太湖旅游资源，环太湖旅游圈方兴未艾。

从地理上看，三山岛正处于长三角旅游圈和环太湖旅游圈的中心位置，像三山岛这样的以自然生态为主的稀缺资源将会愈来愈珍贵。目前三山岛已经荣获"国家地质公园"、"中国低碳旅游示范地"、"国家特色景观旅游名村"、"江苏省最具魅力的休闲村"等多项殊荣，如果能把握住这一区域一体化形成的机会，在空间和政策上做好充分准备，三山岛必将迎来发展的黄金时期，这是许多其他古村望尘莫及的机遇（图4-3-3）。

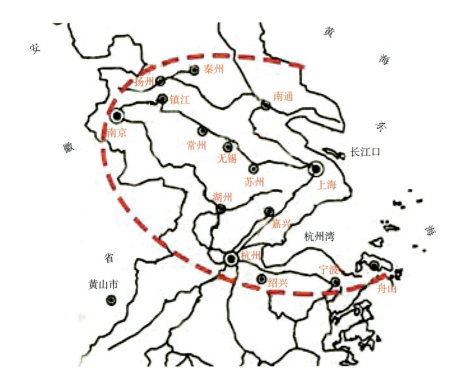

图4-3-3　太湖流域区位图

4.3.2.2　保护发展的挑战

1. 自然岸线被人为蚕食

由于旅游业的迅猛发展,三山岛内近年来村民大量自发建设,大体量的农家旅社占据了滨湖岸线的主要景观域面,建筑风格与环境格格不入,在很大程度上破坏了原有的山、湖、村落均衡的格局。而且自然岸线也在逐渐人工化,生活垃圾直接排入湖内,造成了一定程度的水质污染。现代文明的蔓延对三山岛这个以自然、传统文化为核心的古村产生了严重的冲击,其独特的田园之美与山水之美融为一体的本真面目正在消解。

2. 东山、西山竞争压力较大

东山是国家级旅游风景村、第五批中国历史文化名镇,位于苏州城南40千米处,是延伸在太湖中的半岛,以花果丛林、山水名胜、明清建筑著称,是旅游、疗养、度假的胜地,主要景点有陆巷古村、雕花楼、紫金庵、启园、雨花胜境等,近几年来旅游发展力度很大。

西山位于苏州古城西南40多千米的太湖之中,面积79.8平方千米,是我国淡水湖泊中最大的岛屿。主要景点有石公山、太湖大桥、林屋洞、罗汉寺、太湖梅园等。西山土特产丰富,每年西山梅花节更是吸引着众多游客到访。而且2004年又通过第三批国家地质公园评审,成为江苏省第一个国家地质公园,旅游发展迅速。

三山岛地处于东山、西山两大古村之间，与两者隔湖相望，拥有相近的资源特点和区位优势，不可避免与之存在着较大的竞争。加之三山岛起步较晚，要想在激烈的竞争中脱颖而出，必须要面对挑战，走自我发展特色之路，与东西山联动发展，共同繁荣。

3. 景点品质有待提高，项目组织尚需完善

三山岛现有的风景资源虽然类型齐全，但景点规模普遍较小、特色不明显，有些景点有名无实，尚未形成对游客有较强吸引力的景点。另外，目前古村内的风景游赏项目大多以观赏性项目为主，在风景旅游事业飞速发展的大好形势下，未能针对客源市场制定出一批高档次的参与体验性项目，不利于风景旅游市场的培育和完善。

4. 缺乏发展旅游的雄厚资金

目前三山岛旅游发展资金相对匮乏，基础设施建设难以落实，古村、景点建设远落后于旅游发展的步伐。因此三山岛要有长足的发展，必须进行大规模的招商引资，合理利用外来资金，进行古村的建设，提高知名度，吸引更多的游客到三山岛旅游，从而形成良性的旅游经济运转模式。

5. 交通瓶颈凸显，内部矛盾重重

吴中区车船公司把握上岛交通要道，遏制咽喉，交通服务质量较差，严重影响三山岛的旅游业发展。同时，村民与村党支部和村委会在村庄环境保护与经济发展的大原则上保持一致，但是在门票收入分配与使用、基础设施建设、固定资产投资、景点建设、村庄管理等方面沟通不畅，存在误解、相互不理解。当前农家乐的发展普遍提高了村民的家庭收入，但是未来农家乐模式增收将受到环境容量、生态湿地等诸多限制，发展瓶颈凸显。旅游业的发展，使得传统农业发生了两极分化：一部分村民入股参与规模农业生产与观光农业建设，收入稳定；绝大部分村民维持家庭生产，受到旅游业的负面影响以及生产分散、不集约等弊端，农业生产日渐凋敝。生态环境的优势是吸引游客的最重要因素，但是还没有转化为直接产出。对生态环境，尤其是国家生态湿地公园的后续利用有待加强。

如何协调好古村落保护与产业发展、环境保护和增加村民之间的矛盾，处理好车船公司、村民入股、村庄建设管理等影响因素，是目前三山岛发展面临的最主要的问题（图4-3-4）。

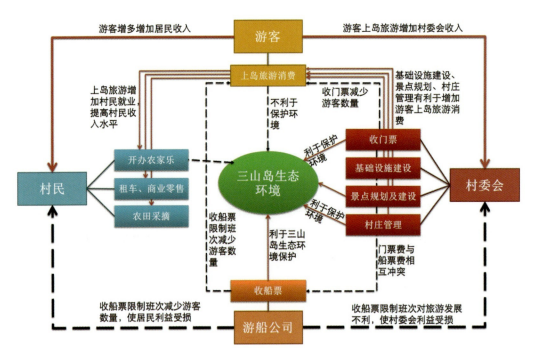

图4-3-4 三山岛经营主体结构图

4.3.3 三山村保护与发展的优势与劣势

4.3.3.1 保护发展的优势

1. 潜在区位优势突出

三山岛居江、浙两省的交界，位于苏州市区西南50千米处的太湖之中，与陆地联系只需15~20分钟舟程（长圻码头至三山岛游客中心码头），进出方便。

其特殊的区位优势在于坐拥我国长江三角洲经济圈最发达的江苏、无锡、常州地区，东接国际金融商贸中心地位的上海大都市，西邻国家区域中心城市南京，南望世界文化景观地杭州名城。区域内现代化交通设施发达，通畅便捷；区域人口高度集聚，居住密度极高，无论城镇化率、城乡居民收入，还是城乡居民消费水平，均居全国之首。长江三角洲经济圈拥有的资源优势独占鳌头，为三山岛经济发展和社会繁荣积蓄了强大潜力。不仅如此，三山岛所在太湖流域旅游产业发展已然形成规模效益，对该岛产业转型升级提供了示范与动力。尤其整个区域在工业化和城镇化快速发展带来生态环境质量普遍恶化的趋势下，三山岛却独自超然于世，以其优越的生态环境指数，以及风光旖旎的湖岛景观特色和明清民居建筑风格，博得周边都市人群休闲、度假、品茗、养生、感悟传统吴文化的青睐，成为生态人文旅游的首选之地。随着区域交通设施的进一步配套完善，三山岛的区位优势也将更加明显。

2. 湖岛特征不可替代

由本岛、泽山、厥山和蠡墅岛等组成的三山村面积不过2.8平方千米，与太湖中相邻的东山、西山和其他岛屿相比，可谓"弹丸之地"。然而唯其小，且孤悬湖上，仿佛与世隔绝，和周边陆域并不接壤，才难能可贵地保持了一分超脱和清纯。磅礴灵秀的山、碧波浩渺的水、水草丰茂的湿地，形成了三山岛独具特色的湖岛生态环境。这也正是三山岛的优势所在——具有明确的岛屿景观界面；环岛四周为太湖碧波拥抱，岸线曲折绵长；近岸处芦苇丛生，礁石嶙峋，植被、水生物和栖息鸟类多样；远望处烟波浩渺，舟楫点点，日出日落，辉洒湖面。在三山岛上无论置身何处，都会令人感到水的濡染、水的浸润、水的律动和水的声音，感到是在真实的岛上，而不像面积大的岛屿，远观是岛，置身其中却又无法感受出岛的感觉（图4-3-5）。

太湖是我国第二大淡水湖泊。三山岛称得上是太湖骄子，在诸多岛屿中不以大而争宠，却以小而取胜，透着天公造化的灵性和先民造就的神韵。它在古代就被称作"小蓬莱"，能与蓬莱仙境媲美，是对湖岛神奇魅力的点睛之笔。三山岛的湖岛特征在环太湖地区具有不可替代性。

3. 景观边界效应显著

景观环境包括多种元素，其中边界属于要素之一，是两个不同空间、不同物质体征之间的线性过渡和交汇地带。在这里往往物种最集中、最具多样性，蕴藏着最丰富的生动景观，因此也是最适宜产生景观边界效应的区域。而三山岛周边水陆交界，且东南及西北近岸处尚有水草丰盛的浅水湿地，生物多样性、空间层次多样性、景观格局多样性能够在湖岛岸线地带得到充分体现，加之传统村落集旷、秀、奇、幽于一体，使三山岛既有优美的岛屿情趣，又有奇特的地质景观，兼有纯朴明朗的乡野风光，具备了十分显著的景观边界效应，

图4-3-5　东山岛远眺

为景观设计构思、创意新辟各种视觉景观和审美意义的旅游景点，产生显著的经济、社会与环境综合效益，提供了先天优势。因此在三山岛发展规划中，对其景观边界效应的研究、整合、利用、创意，也就十分重要。

4. 历史遗存积淀深厚

据文献记载，三山岛最早的外来移民始于苏州建城之前，历史源远流长，文化悠久璀璨。1985年在三山岛东泊小山下考古发掘出的旧石器，是我国长江下游首次发现的旧石器时代晚期文化，对于探索远古人类在这一地区的生息、劳动和繁衍有着深远意义。它的发现将人类在长江三角洲和太湖地区的生活历史，从七千年前的新石器时代，前推至一万多年前的旧石器时代。由此可见三山岛作为长江下游太湖流域远古人类发祥地之一，有着沉甸甸的上古文化；同时作为吴文化的发源地，又有着深厚的姓氏文化。历史上三山岛作为太湖周边城市往来水路的必经之地，是船只运输补给或躲避风浪的重要港湾，素有"芜申运河"之咽喉和"太湖驿站"之称。至今保留的古庙、古码头、古井等历史文化遗存见证了曾经拥有的商品集散中心的辉煌；融汇吴越文化和徽文化的明清建筑群布局规整，雕饰精湛，是太湖流域传统民居博物馆。三山岛虽然面积不大，但是人文荟萃，承载着底蕴深厚的历史文化。

5. 生态人文资源良好

三山岛与外界环境相对隔绝，生态资源开发力度不大，破坏较少。虽然在20世纪80年代全国各地大兴乡镇企业时，三山岛也曾陆续开办过企业，但是因受资源条件和交通运输制约，尤其与太湖环境保护要求存在矛盾，企业已经逐步萎缩并退出。随之湖岛环境得到有效治理，三废排放有序。整个岛屿山体、植被、水质保护状况良好，负氧离子等生态环境指标在苏州地区均为上乘。

与此同时，民俗文化较少受外来因素干扰，风土人情独特，民风淳朴。岛上居民仍保持着传统农耕文明的自然起居生活形态，以及勤劳善良、质朴热情的生活态度。迄今为止，岛上没有污浊的空气和风沙，扑面而来的是淡淡的油菜花香、草香、土地的芬芳，雅学之士、睿智老人侃侃而谈，向游客娓娓道来三山岛的历史，此情此景将会让久居喧闹城市的人们真正寻觅到了一种城市中不曾享受的田园之乐。

6. 三山岛国家湿地公园试点得到批复

以三山村及太湖水域构成的湿地是国内首个淡水岛屿类型的湿地公园，总面积9378亩，从2011年正式启动湿地建设，2012年初被国家林业局列入国家湿地公园（试点）名单。现已编制完成了《苏州太湖三山岛湿地公园总体规划》，根据规划要求，以生态优先、最小干预为主要原则，公园通过进行湿地保护与恢复工程、湿地景观、湿地宣教工程、游览设施、基础设施工程和湿地环境保护等建设，取得了明显的经济效益、社会效益和生态效益。2013年3月，国家林业局对苏州太湖三山岛国家湿地公园（试点）建设进行了验收，10月正式授牌，列为国家级湿地公园。这一授牌有利于三山岛及太湖的环境保护和三山岛旅游经济新的增长点，对三山岛发展是个重大利好。

4.3.3.2 保护发展的劣势

1. 发展滞后

相对于周边地区经济的蓬勃发展，三山岛因其历史原因，发展相对滞后。由于湖岛形成火山喷爆引起的地面沉降，喷爆口在太湖中的三山、泽山和厥山三岛之间，且偏近于三山岛的西北面，因此岛屿面积虽然仅有2.8平方千米，但是泽山和厥山独立于本岛，植被全覆盖，不能用作农林生产。即使在本岛上也是三山耸峙，丘陵起伏，缺少成规模的耕地，基本农田资源紧缺，发展第一产业先天不足。清人金友理在其《太湖备考》记载当时三山岛"居民五百余家，多服贾。"从明清直至中华人民共和国成立前，三山男人基本上在湖州、嘉兴、苏州、上海等地经商谋生，女人则滞留家中"摇车结麻线"。历朝历代农业和渔猎始终没有取得产业发展的主导地位。另一方面岛上既无矿产资源，又无直通陆路的便捷交通，发展工业同样不具备条件。近年来三山岛凭借生态环境的优势尝试发展旅游，又因对自然人文资源缺乏深入研究整合，思路不清，主题特色尚未明确，故而处于迷茫徘徊的被动状态，仅仅开展了以农家乐为主要方式的低端观光旅游。村里的壮劳力仍然离岛在外奔波打工。加之资金缺乏导致宣传力度不够，而且也缺乏个性鲜明的宣传口号和旅游标识，以致三山岛在长三角地区（一级客源市场）内的知名度不足，其年游客量也远远不能与无锡、镇江以及苏州境内的其他古村落相比。

2. 承载力有限

三山岛总面积只有2.8平方千米，作为岛屿，其土地资源、植被资源和物种资源弥足珍贵，然而旅游业发展的腹地严重不足，空间容量十分有限，并且生态脆弱，传统村落亟待保护，不少地方属于禁止建设区域和限制建设区域，甚至在泽山、厥山和本岛大部分湿地范围，对于人的涉足活动均有严格限制。即便是在适宜建设的区域进行旅游开发，其建设的干扰度大，也需慎之又慎。目前岛上自发兴起的农家旅社过度扩张蔓延，对保护生态环境和历史风貌构成了很大威胁，进一步缩小了三山岛有限的景观纵深，湖岛虽精致却又不免局促，承载力不堪重负。资源承载和空间容量凸现的局限性是三山岛和环太湖周边其他旅游地相比的一个主要劣势。

3. 旅游发展无序

三山岛的旅游刚刚起步，接待服务设施的建设配置尚处于一种自发的、无序的状态，缺乏统筹规划布局和有序组织安排。目前还没有建立常态化经营管理机制，尤其对传统村落、生态环境和文化遗产保护缺少科学合理的思路、相应的保护措施，对如何促进三山岛生态人文资源保护，瞄准市场导向，发挥资源优势，加快产业转型提升，发展经济，改善民生，还没有整体把握。因此面对旅游初始阶段和今后的发展走向，显得有些束手无策，无以应对。同时旅游收费存在价格等级差别很大，没有形成稳定的、金字塔式的价格区间分布，而且景观资源优势尚未转化为产品优势，都影响了资源潜力转化为经济效益。三山岛的旅游尚未形成产业，各自为战，规模比较小，削弱了整体效应，对经济快速增长还不足以产生较强的拉动效应。

4.3.4 创新保护发展总体思路

4.3.4.1 创新思路势在必行

思路决定出路。平遥古城的先例充分表明了这一点。这是平遥古城走出困境，有效进行遗产保护，促进经济社会可持续发展，一举申报为世界文化遗产的成功经验，也是历史文化名城保护与发展的必然。平遥古城保护与发展的思路、途径、原则及方法也形成了独特的平遥模式，为我国历史文化名城保护工作提供了成功范例。

三山岛作为一个传统古村落，与平遥这样的历史文化名城相比相差甚远，但平遥古城在探索保护历史文化遗产和寻求发展道路方面的思路为其提供了许多可借鉴之处。随着人们对于尊重历史、保护遗产、传承文明逐步形成共识，三山村意识到必须把握好历史传统村落保护与可持续发展之间的辩证关系，以科学发展观审视过去，思考未来，更新理念，创新思路，寻求保护与发展并举的道路，只有这样，才能从迷茫徘徊的十字路口走出来，再铸辉煌。

4.3.4.2 创新思路遵循原则

创新思路具有鲜明的科学性和前瞻性。对于三山岛传统村落保护发展思路的创新，不是对既往工作思路的简单调整，更不是对经过实践证明行之有效地保护方法和发展措施的否定。它基于三山岛传统村落的区位、形态及属性特征，将其价值取向与发展途径有机融合，置于当代经济全球化、社会信息化和国家保护文化多样性的大趋势、大环境、大背景审视研究，在科学理论指导下，从三山村的实际出发，确定符合古村发展客观规律的战略指导思想、方向和框架。总体思路创新的主旨在于三山村既能肩负保护中华民族优秀文化遗产、传承弘扬中华文明的历史责任，又能在现代化建设的伟大历史进程中承担振兴中华的新的时代使命。显然，创新思路并非权宜之计，而是着眼于未来的长久之策。为此创新思路应当遵循尊重历史、正视现实、崇尚科学、顺应规律、惠及民生的原则。

尊重历史

促进三山岛传统村落保护发展，必须尊重三山岛历史、历史地位和历史作用，始终把保护古村、抢救遗产放在首位。以对历史负责和对子孙后代负责的态度，继承三山岛传统村落孕育创造的古代文明，弘扬三山村历史文化遗产所蕴含的精神财富。要不断加强文化遗产发掘、保护、研究和利用，不能把现代化建设和尊重历史对立起来，只顾眼前利益，割断三山村历史，以牺牲历史文化遗产片面追求功利和发展。

正视现实

促进三山岛传统村落保护发展，应当建立在考古发掘和文物保护的基础上，坚持一切从实际出发，正确认识三山村历史文化遗产保护的现实状况，客观分析并慎重评价历史遗产的类别、实物、数量、价值、保护完好程度、文化环境与历史环境等现状条件，以及对重点文物保护单位和三山岛传统村落整体格局、整体风貌实施抢救、保护、整治的可行性，从而实事求是地划定保护范围，确定保护思路、原则、内容、方法和措施，合理开发利用文化遗产资源，为三山村经济建设和社会发展服务。避免因不切实际的保护要求使工作陷入困境。

崇尚科学

促进三山岛传统村落保护发展，必须坚持崇尚科学，反对愚昧无知，切实贯彻落实科学发展观，坚持科学的认识论和方法论，以人为本，全面、协调、可持续发展。应当反思过去，总结历史经验，既要改变因袭守旧的陈腐理念，又要摒弃急功近利的盲目发展和扭曲的村镇经营论，按照经济社会和村镇发展的客观规律，妥善处理近期利益和长期利益的关系，把加快经济建设与推进社会进步结合起来，统筹事关传统村落保护发展的各部门联动和各方面工作。以科学的管理机制和管理方法，有效地保护三山岛历史传统村落，使其得以健康发展。

顺应规律

促进三山岛传统村落保护发展，一定要顺应历史村落形成和发展的客观规律。充分认识保护与发展与时俱进，与时并存。坚决纠正把保护视为守旧、发展等同破坏的错误观念，避免把保护历史文化遗产与加快现代化建设人为对立起来，以尊重历史、传承文明、服务当代、创造未来作为指导三山岛传统村落保护发展的认识主线，不断探索发展与发展有机结合的方式，创新保护与发展并举兼得的合理途径。

惠及民生

促进三山岛传统村落保护与发展，立足点和归宿点在于改善社会民生。最终考虑的是增加老百姓的经济收入，提高老百姓的生活质量，因此对自然生态资源与历史文化遗产的研究、发掘、整合、利用，确定科学合理的指导思想、途径和方法，都必须以民生为本。不管在工作的哪个阶段，都应当以老百姓的需求和利益为根本出发点。在三山村保护利用中，无论是编制各项规划，还是制定相应政策，都要保障村民的知情权、参与权和监督权，倾听村民的意见，积极引导广大村民通过土地流转、承包、入股等方式，使村民群众受益，带领村民为保护和传承中华文明做出贡献。要坚决制止进行盲目土地开发和大拆大建，最大限度地避免对村民的财产侵害。

4.3.4.3 创新思路总体概述

遵循上述原则，拟将三山岛传统村落保护发展的总体思路确定为保护生态资源、传承文化遗产、建设休闲胜地、促进湖岛发展。

三山岛传统村落保护发展体现了时代进步的必然规律。随着21世纪我国全面建设小康社会宏伟目标的逐步实现，促进三山岛传统村落保护与发展，应当在科学发展观指导下，着眼于新时期经济社会全面转型发展的机遇，重新审视自然禀赋的区位条件和它的区位优势，并通过与环太湖地区的苏州、无锡、常州、宜兴、湖州等城市及其历史文化名镇名村、传统村落各自发展的优势条件和文化特色比对分析，合理确定三山岛在太湖地区经济文化发展中的职能定位，找准发展方向。

自然生态资源和文化遗产资源是三山岛赖以生存发展的根本，拥有巨大的潜在优势，必须切实保护。要实施严格管控措施，确保太湖水资源保护和水污染治理，保障防汛抗旱以及生活、生产和生态用水安全，改善太湖流域生态环境；同时保持其一岛三峰的特殊地形地貌、山体水系、两翼湿地、植被物种，以及传统村落的选址特征、田园阡陌格局，自然景观和历史环境要素，延续村落结构形态、空间肌理、街道走向与尺度；保护文物、历史建筑和传统建筑。

要深入研究湖岛古穴旧石器及化石遗址蕴含的特质文化，进一步厘清三山岛地域文化特色，评估三山岛传统村落的历史文化价值，传承千百年来流淌于代代湖岛村民血液中的文化基因与脉络，保护非物质文化遗产传承场所、传承路线，从厚重的历史文化积淀中探寻适应现代社会生活需要、文化核心价值的结合点及其存续方式，弘扬文明，造福当代。

要发掘特有的湖岛地形地貌及风物景观审美价值，认真梳理和深度解析历史人文积淀，大力完善市政设施和公共服务设施，提升居住环境品质，在素有人间天堂之誉的苏州太湖洞庭水域，为寻梦净土，回归自然，在喧嚣拥挤和快节奏的都市化生活中闹中取静，体验慢生活，疏解紧张压力，留住一派田园风光，建设一方休闲度假、陶冶情操的胜地。

要遵循社会发展规律，尊重湖岛村民利益，在加强保护自然文化遗产的同时，加快湖岛产业升级和经济转型，积极改善社会民生，为村集体和村民增收致富创造有利条件，促进保护与发展并举兼得，实现两者和谐双赢。要面向上海、南京都市圈和长三角城市群，放眼全国，围绕保护资源遗产，服务社会的文化主题，将生态资源保护与文化遗产保护有机结合，创新保护监管模式，引进市场机制，打造特色文化品牌，做强做大旅游产业，为有效保护三山岛传统村落的自然资源和文化遗产，促进湖岛经济腾飞奠定坚实基础，开辟新的里程。

新思路的主要特点一是体现了传统村落保护与发展之间的辩证关系；二是以人为本，兼顾环境保护与古村保护，促进三山村经济、文化、社会、环境全面协调发展；三是从三山岛传统村落实际出发，借鉴苏州等地古镇、古村保护的成功经验；四是突出三山村历史文化遗产保护、利用、服务主题，以发展特色文化产业和旅游产业作为发展三山村经济的新亮点。

4.3.5 探寻保护发展的可行途径

4.3.5.1 生态环境融于传统村落保护发展

正如前文所述，相对于太湖周边的城市和历史文化名镇名村，三山村是一个生态环境优美、自然资源丰富的传统村落。正因为独特的生态资源造就的村落环境是其一大突出特色，因此在寻求保护和发展的道路上，不可忽略或降低这种特色，应将生态环境融于传统村落的保护与发展，不宜将两者割裂开来。只保护生态环境而忽略古村落历史文化遗产的保护与利用，容易陷入单一的旅游发展模式，导致文化内涵缺失，遭遇旅游发展瓶颈；反之仅仅局限于传统村落格局和建筑的保护发展，却忽视对其依存的生态环境进行有效保护，无法体现其湖岛特色，必将失去唯一性，从而导致同质化，弱化竞争力，难以在太湖周边历史文化名镇名村和传统村落中脱颖而出。

如今三山村不仅列入"中国传统村落名录"，而且已被公布为第六批中国历史文化名村。对于三山村的保护，必须坚持严格实施《文物保护法》、《非物质文化遗产保护法》和《历史文化名城名镇名村保护条例》，切实做到保护文物保护单位原状，保护文物环境、历史建筑，不得改变与其相互依存的自然景观和环境。因此在编制三山岛保护规划中，应当采取空间管制措施，根据资源价值、等级和现状，划定禁建区、限建区和适建区，切实保护基本农田和敏感资源。并对桥头村、山东村、东泊村、西湖村、小姑村的职能进行合理定位，减轻人口、建筑、交通、环境容量的压力，优化调整用地功能，合理利用历史建筑。

4.3.5.2 寻找遗产利用方式

促进三山岛传统村落保护发展的另一关键，是为历史文化遗产寻找保护与发展之间相互促进、相得益彰的合理利用方式，通过传承古代文明的适当途径和方法，与服务现代化建设和创造现代化文明实现有机融合，从而为加快现代化建设事业服务。

这种结合集中体现在为传统村落更新寻找合理利用的文化遗产的方式。曹昌智在对《历史城市保护与发展》的研究中，曾就此提出"合理利用历史文化遗产，不仅应当把具有历史价值、科学价值和艺术成就的遗产经过整理，原汁原味地展示出来，辟为旅游景点，而且应当千方百计为那些不再用作原来用途的历史文化遗产寻找新的合适用途，赋予新的功能，使新的功能和用途既能体现历史城市的文化内涵，传承历史文脉，又可直接为发展文化产业和旅游产业提供物质载体，使人们从居住、休憩、娱乐、购物、餐饮活动中获得独特的历史文化感受及熏陶。"通过他对埃及、意大利、英国、法国、德国、美国、澳大利亚、印度、日本、新加坡等国家，以及中国香港、台湾地区诸多历史文化名城的考察，并在创新探索平遥古城保护与可持续发展思路的基础上，把对文化遗产的合理利用概括为观展、实用、体验、纪念、综合五种方式。其中在实用方式中，又划分为延续原功能、贴近原功能与更新原功能等几种不同方法与途径。本次所做的三山岛传统村落保护发展规划研究，也将结合湖岛自然生态特征和历史文化积淀，借鉴平遥古城保护与发展的理念和方式，从深入发掘研究湖岛自然资源景观特征与文化遗产内涵中，探索一条符合本岛实际的可行之路。

4.3.5.3 开展遗产文化交流

在经济全球化、信息化和国家保护文化多样性的大趋势下，把握我国经济社会全面转型发展的千载难逢机遇，促进三山岛传统村落历史传统村落遗产文化对外交流。2005年10月20日，联合国教科文组织第33届大会在巴黎通过了《保护与促进文化标新形式多样性公约》。该公约为各国政府规定了四方面义务：信息交换和透明度义务；对公众教育和宣传义务；鼓励民间社会参与实现本公约目标的义务；加强双边、区域和国际合作，以促进文化表现形式多样性义务。我国加入这一公约，有利于保护中华民族传统文化和民间文化，保护我国文化活动、产品和服务，规范我国在保护文化多样性方面的政策。保护与促进国际间文化表现形式多样性的核心，在于保护和传播本国、本地区、本民族文化遗产的价值，促进国际文化贸易，防止在经济全球化、信息化过程中导致文化趋同化。

三山岛传统村落具有特殊的历史文化价值和生态景观表征，应当抓紧进行发掘、梳理、凝练、整合，打造湖岛独有的品牌特色，拓展文化交流空间，通过平面媒体、视频、网站、书画笔会、学术交流等多种方式，开展遗产文化对外交流活动，拉动三山村文化产业和旅游经济发展。

4.4 公共设施与基础设施规划

4.4.1 公共服务设施规划

1. 公共设施规划

结合旧村拆迁与集中安置工程，配套建设医疗（门诊室）、文化体育（社区活动中心与活动场地）等设施，修缮村内宗教文化设施（宗祠、祠堂）。

2. 道路交通设施规划

陆上交通

规划道路分为三级，一级道路宽度5~7米，主要是环岛路与规划主干路；二级道路宽度3~5米，主要为区内次干路；三级道路为历史街巷，道路宽度1~3米，一、二级道路主要通行电瓶车和自行车，三级道路以步行为主，道路覆盖整个村域，一、二级道路进行硬化，三级道路进行道路整治，材料与风貌应注意与原来相协调。

水上交通

三山岛的水上交通线路分为水上对外交通线、水上主要观光游线、水上民用交通线三个层次。水上对外交通线，可与东山陆巷码头和西山石公码头相联系；水上主要观光游线，分为环岛水上环游线与环岛联系线，可根据旅游产品的游憩组合与线路的安排具体确定；水上民用交通线共两条，与水上观光游线分离，其中一条专为货物运输、垃圾转运等用。

交通设施

三山岛的交通设施包括游船码头、车船换乘服务中心、游艇码头、电瓶车停靠点等。规划在岛上共设置了七个游船码头，分别位于游客中心、山东、东泊小山、小姑山南侧、泽山岛、蠡墅岛和桥头，其中游客中心码头和东泊小山的码头主要为对外码头；民用码头为两个，分别位于西湖小山的南侧和北侧；车船换乘中心位于游客中心处，游客于码头下船后，可乘坐环岛观光电瓶车到达各个岛内景点。同时为了方便游客，规划沿主干道，于各主要景点处设置了多个电瓶车停靠点。

4.4.2 给水工程规划

1. 用水量预测

三山岛最高日用水量为970立方米/日。

2. 给水方式

三山岛采用集中供水为主，以分散式供水为辅的形式并存。

3. 水源规划

三山岛建设集中式自来水厂，原水引自太湖地表水；分散式用户可根据自身情况，采用自打井的方式，取地下水为水源。

4. 给水设施规划

在三山岛北侧临水地段，保留现状自来水厂一座，规模1000立方米/日，占地5600平方米，原水以太湖水为主供水水源。

5. 管网规划

本规划区以自来水处理站为中心，给水管呈环状与枝状相结合的布置形式，给水管径为DN100~DN200毫米。

6. 水源的保护

取水点周围半径100米的水域内，严禁捕捞、停靠船只、游泳和从事可能污染水源的任何活动，并由供水单位设置明显的范围标志和严禁事项的告示牌。

取水点周围半径500米的水域，不得排入生活污水，其沿岸保护范围内不得堆放废渣，不得设立有害化学物品堆放场地，或装卸垃圾、粪便和有毒物品的码头，不得使用工业废水或生活污水灌溉及施用持久性或剧毒的农药，不得从事有可能污染该段水域水质的活动。

在取水点周围半径500米以外的一定范围划分为水源保护区，严格控制污染物排放量。排放污水标准应符合TJ 36—79《工业企业设计卫生标准》和GB 3838—83《地面水环境质量标准》的有关要求。

以地下水为水源时，水井周围30米的范围内，不得设置渗水厕所、渗水坑、粪坑、垃圾堆和废渣堆等污染源。

4.4.3 排水工程规划

1. 排水体制

三山岛排水体制采用雨污分流制。

2. 污水工程规划

污水量预测：三山岛平均日总污水量为624立方米/日。

污水处理设施规划：本规划共建成污水处理站四座，其中，保留污水处理站两座，占地分别为1300平方米、1600平方米；改建或扩建污水处理厂两座，占地均为600平方米，针对改进或扩建的污水处理站，可采用地埋式一体化污水处理设施。污水处理深度为二级生化处理。建议污水管网尚未延伸的区域，可采用化粪池或沼气池进行处理。

管网规划：污水管网呈枝状布置形式，覆盖率100%。根据污水量分布，沿规划道路布置污水干管，管径为d300~d400毫米。

3. 雨水工程规划

雨水量计算：暴雨强度公式采用苏州市暴雨强度公式，暴雨重现期采用1年。

雨水管网规划：雨水管网采用明渠、暗渠相结合的形式，覆盖率达到100%。雨水管渠尽量沿路顺坡布置，以减少管渠埋深。在满足排水要求的前提下，雨水管渠尽量布置道路下，沿规划道路布置d500-B×H=1.5×1.2米的雨水管渠。提倡低影响开发模式，加强绿地开敞空间雨水下渗，自然沟渠，水面蓄滞，传统民居院落及新建农家乐雨水收集再利用，全面减少地表径流。

4.4.4 供电工程规划

1. 电力负荷预测

三山岛总电力负荷为4328千瓦,负荷密度为15千瓦/公顷。

2. 电源规划

三山岛电源主要由规划区北侧10千伏水下电缆自东山风景区电网引入。

3. 10千伏及低压电网规划

在三山岛北部区域规划10千伏开闭所一座,开闭所转供容量约为4300千伏安,开闭尽量采用附属式方式布置,建筑面积为200平方米。

建成10千伏配电所九座,可采用箱式配电站。0.4千伏低压电网采用以配电变压器为中心的树状放射式结构,供电半径不宜大于250米。

4. 电缆线路规划

本地区市政道路10千伏线路可沿人行道架空架设,如条件允许远期可采用电力排管方式敷设,电力排管采用Φ100毫米。

5. 路灯照明规划

三山岛共规划10千伏路灯专用箱式变电所四座,每座容量200～315千伏安。

4.4.5 通信工程规划

1. 通信量预测

固定电话预测:三山岛固定电话总数为1048线。

宽带预测:三山岛宽带总数为588线。

有线电视预测:三山岛有线电视总数为588线。

2. 电信工程

规划在三山岛上设置一座电信接入点,预留建筑面积200平方米,可与公共建筑合建,电信信号由东山风景区接入。

3. 有线广播电视工程

规划有线电视机房,与电信接入点共址,信号接自东山风景区。有线电视的普及率达到100%。

4. 邮政工程

规划邮政所或邮政代办点三座,建筑面积均为150平方米。

5. 通信网络

为节约地下空间,各类通信线路均采用穿PVC管同位地埋敷设,并预留管孔,以满足各类业务增长的需要。管道容量按不小于6孔设计。

4.4.6 燃气工程规划

1. 燃气量预测

三山岛总用气量为5.91万立方米/年。

2. 气源规划

规划风景区内的气源选择采用从区外运入罐装燃气,罐装燃气采用船运的方式进入岛上。

3. 燃气设施规划

规划瓶装液化气供应站一座,预留用地面积500平方米。在储存场地周围半径30米设定为保护区,在保护范围内不得建设任何性质的建筑。

4.4.7 环卫工程规划

1. 垃圾量预测

三山岛日产垃圾总量为1.64吨/日。

2. 垃圾收运与处理

三山岛垃圾收集后,经专用环卫车辆运输至垃圾转运站由环卫码头运出岛外,纳入东山风景区垃圾处理系统处理。

3. 垃圾处理设施规划

规划小型垃圾转运站一座,与环卫码头合建,用地面积不小于300平方米。

4. 公共厕所规划

规划共设置11处公共厕所,其中改建7处,新建4处。

4.5 产业发展规划

4.5.1 产业定位及发展策略

以"421主干家庭"为目标群体,以自然观光、休闲体验、文化教育为主要功能,将三山村打造成为具有全时段旅游活力的休闲旅游村落。注重文化引领,加强传统与现代文化的有机结合。"点—面"相结合，全面弥补产业发展缺陷，选取重点发展措施，突出地方特色。明确目标群体，打造适应不同年龄段游客的全方位旅游服务功能。

4.5.2 产业发展引导——整体优化

1. 乡村旅游系统理论

需求子系统主要是指旅游消费者对旅游地的选择意愿，包括主观需求和客观环境因素影响，对旅游业发展起到重要推动作用。

中介子系统是联络乡村旅游产品和旅游消费的中间环节，主要发挥旅游地和消费者之间的媒介作用。

供给子系统包括能够作为特色旅游产品的物质性和非物质性吸引要素及村民群体，如自然资源、农副产品、乡土风俗、地方方言等。

支持子系统是指乡村旅游的环境背景，对生产和提供旅游产品、提高旅游吸引力、消费者旅游决策等起到推动作用。

2. 三山岛旅游系统

需求子系统

明确主干家庭不同人群的旅游需求，重点提升文化养生、休闲娱乐和文化教育设施。

供给子系统

丰富湿地旅游和户外运动项目，增加观览和体验性文化设施、特色商业、书店、茶社等，进一步挖掘本地特色产品。

中介子系统

进一步扩展旅游宣传渠道，打造旅游节庆、大型体育活动；协同旅游服务组织，如素质拓展培训团体、户外活动组织等，多方面宣传旅游资源。

支持子系统

在现有基础上，提高重点区域的灯光照明、无线网络服务水平，完善导览系统，适当增加情景再现、实时旅游信息、导航等智慧旅游设施。

4.5.3 产业发展引导——特色提升

1. 针对供给子系统的完善提升

自然生态方面，完善湿地科普活动内容和设施，开发采菱、观鸟、垂钓等湿地休闲项目；围绕环岛山水景观开展登山、健步走等户外运动项目。

传统文化方面，对历史保留建筑进行修复和保护，作为古建展示、传统文化博物馆、特色餐饮、书店等；对三山文化遗址进行保护和文化展示；开展盆景、太湖石、采茶制茶等人文特色产品的展览、体验活动；扩大各大民俗节庆的规模和影响，开发更丰富的地方特产、特色小吃等，重现鱼市、戏台、日常起居等乡村生活场景。

休闲娱乐设施上，主要根据中青年人休闲文化品位增加相关娱乐设施，如特色商业街、咖啡茶社、特色书店、文化创意工作坊等。

2. 全时段旅游体系（图4-5-1）

	老年群体	中青年群体	少年儿童群体
早间时段	早市、健步走活动	民俗节庆表演	桥头渔鼓表演
白天时段	书画鉴赏与教学、养生餐饮、茶馆	特色商业、文化创意纪念品、户外运动、特色书店	展览博物馆、湿地文化教育
	自然景观观览、观鸟、地方小吃、茶果采摘、农家乐、太湖石展览馆、盆景体验馆、工艺美术制品		
晚间时段	地方戏舞台、棋牌活动室	咖啡厅、酒吧	露天电影

图4-5-1 全时段旅游体系图

3. 产业空间结构

"一轴三组团"结构

特色商业组团

以特色商业、休闲娱乐设施为主，以桥头文化广场为核心开展民俗文化活动，通过师俭堂修护改造开展文化活动。

文化养生组团

以老年人文化活动为主体，开展书画、盆景、太湖石展示体验馆，结合观鸟、采菱等湿地旅游活动，形成良好的文化养生氛围。

户外运动组团

以拓展基地为载体，结合户外运动场、素质拓展设施等作为体育运动的主要场地（图4-5-2）。

4. 特色节点

桥头广场

作为还原市井文化生活的集中节点，进行渔鼓、"迎财神"、评弹弹词等表演活动，也可作为游客集体活动场地。

特色书店

以传统建筑为载体，打造广受中青年人欢迎的，集书店、咖啡、茶座、小型集会等功能的特色书店，提供新颖的、符合现代文化需求的休闲方式。

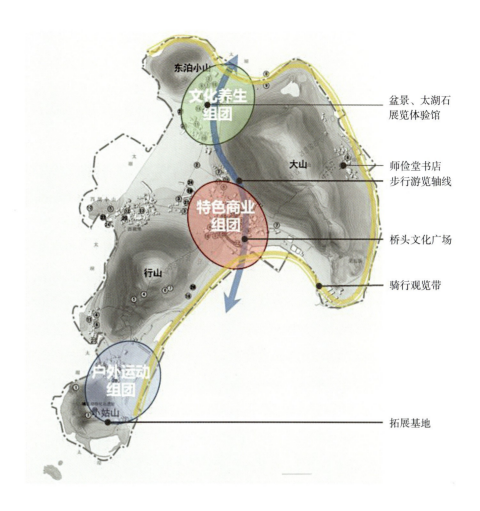

图4-5-2 产业空间结构分布图

文化创意工坊

打造以文化体验、教育、技能培训等为主要功能的文化创意工坊或街区，加强游客的参与和体验感受，避免单一的、千篇一律的商业零售模式。

4.6 历史遗产保护规划

据苏州市吴中区东山镇三山村村委最新统计的数据，目前三山岛上遗存下来的古建筑主要为明清时期的传统民居及祠堂建筑，其中传统民居30处，祠堂两处，另有数十处古井、古桥、古湖湾。

这些古建筑主要集中于桥头村，还有部分散落在湖岛的其他自然村。传统民居大都为合院式建筑，民居院落和古建筑相对完整，多数保存尚好，整体质量也比较高，部分因为年久失修受损，抬梁式梁架结构局部构件毁坏，穿斗式梁架结构毁损较为严重。其中有些屋顶塌陷，屋脊和屋面瓦脱落，空斗墙体开裂，风蚀严重，甚至坍塌仅存废墟瓦砾。据现场勘查，建筑规模较大，并且毁坏程度在30%以下（含30%）的古建筑有清俭堂、薛家祠堂、四宜堂、荆茂堂、师俭堂等，规模较小且毁坏程度在30%以下的古建筑有念劼堂、黄沾良堂、张叙生堂、留耕堂等，许多民居院落和古建筑均已存放杂物。此外，对于古井、古桥等未采取挂牌标志或围栏等必要保护措施，不利于古物的保护。

近年来也有部分村民建起了三、四层建筑。古村落的传统历史风貌不断遭到破坏，有些地段已经面目全非。尤其近几年来岛上村民发展"农家乐"旅游，纷纷盲目拆除原有传统民居，随意扩大建筑规模，增加建筑体量和建筑高度，大量使用现代材料，采用砖混结构，兴建各种式样的"农家乐"建筑，对桥头村整体格局和传统风貌造成了严重影响。

基于三山村现阶段的经济社会状况，对三山岛传统村落保护整治应突出重点、先易后难、循序渐进，对已经建成的与历史建筑传统风貌不协调的部分多层或高层建筑，原则上暂时不拆，可规划为将来拆除的建筑，随着条件成熟逐步进行整治，同时必须坚决制止继续审批和新建不协调建筑，遏制文物环境和历史建筑的传统风貌破坏扩大化；对于桥头村核心保护区范围内的不协调建筑，应当限期拆除或改建；对于桥头村控制性地带的不协调建筑，应当改建或整饬。另外，对于不协调建筑采取将来拆除措施，目的并非是永久保留，而是待经济发展到一定阶段或该建筑不能继续使用时再行拆除或改建。

延续古建筑其鲜明个性的形态特征。这些特征的构成要素如古建筑的空间布局、传统的格局和尺度、建筑与建筑之间的空间关系及空间轮廓、建筑物和构造物的造型、建筑的屋顶形式、材料、色调、视觉走廊的节点建筑及山水景观等，通过有机系统地融合，形成完整的自然与人文特色，在人们的视觉感官上产生冲击力和影响力，给人们留下形象的历史记忆。

首先三山岛传统村落目前保留着大量的古民居建筑，数量达30多幢，均为私有，大多数民居虽然都在使用中，但因居住条件较差，许多民居濒临着废弃的危险。三山岛古民居是三山岛渔耕文明生活形态的传承体和民居建筑艺术的载体，应当充分保护和利用，规划建议通过资源整合与建筑环境整治，改善民居生活条件，提高居住和使用效率，延续其原有居住功能，传承三山岛原始的生活起居形态，展示三山岛精美的民居建筑艺术。

二是贴近原功能。选择一些原有使用功能已有部分不再适合现代社会发展需要，但其文化特征仍然具有重要影响的不可移动文物，为其寻找与原来使用功能比较接近的新的合适用途，展示文化遗产内涵，传承历史信息和文脉。

三是更新原功能。对于那些原有使用功能完全不适应现代社会发展需要的文化遗产，在保留其外观形态传统风貌的历史特征和历史信息的同时，根据新的使用要求，改善和增加满足现代需要的相关设施，赋予新的功能。

4.6.1 指导思想

整体和谐、经济合理、地方材料。

4.6.2 改造原则

1. 经济，便于施工，造价低。从现实的角度出发，确定居民和政府都能承受得起的标准，是设计人员和管理人员要首先确立的原则。

2. 按照"修旧如旧"的原则对建筑进行修缮，保持原有建筑的格局及形态，建筑外观仍为双坡瓦屋面、硬山顶、细砖门楼、花格窗等传统建筑元素。

3. 色彩上采用三山岛传统的粉墙黛瓦作为基本色调。

4. 在修复中建议采用原营造技术一致的传统工艺，按照原貌原状进行修复。

5. 使用功能上在保留原建筑格局不变的条件下，进行合理更新利用，适应现代生活的需要，同时提供一定的旅游休闲服务功能。

6. 对建筑内部按照需求配置必要的生活设施和防灾设施（图4-6-1）。

在总体外观不变的条件下，调整功能，翻新外观

通过改善周边绿化环境，凸显古建风貌

将尚无资金修复的古民居，院落进行清理，将古建的历史沧桑呈现出来

清除周边私搭乱建及有碍风貌的现代建筑，展示古建风貌

图4-6-1　建筑改造方法

古建筑在改造过程中外观上尽量保持原有风貌，保证街道尺度、风貌上具有历史感，在民居内部，可根据实际使用情况进行修缮，在总体格局不变的基础上，部分有条件的进行较好的原貌修缮，对条件不好的，需要进行清理保护，不能盲目采用现代材料进行粗犷式的重建。

4.6.3　师俭堂改造实例

师俭堂位于山东村，建于清乾隆年间，建造人潘尔丰，此屋是在其经商发迹后所建，现为潘氏后裔所有，目前格局保存尚好，2009年被列为苏州市文物保护单位。位于山东村，建于清乾隆六十年（1795年），建造人潘尔丰，是一位商人，主要经营大米，开米行兼营高团熟食点心店，在上海嘉定、真如、松江一带生意兴隆。其祖源于浙江湖州东门外毗山脚下槐溪旁，是当地有名的大族，明嘉靖年间出过一位尚书——潘季驯。师俭堂潘家最迟是在清乾隆时期迁入三山村的，师俭堂是潘尔丰经营米行发迹后建造的一栋大宅院，前厅后楼二进，共计26间。规模较大，建筑风貌体现了吴徽文化的民间建筑风格，石雕、砖雕、木雕三雕艺术精美。

该堂主体建筑可分南北二路，北路有花厅、附房；南路有门屋、祖屋、圆堂、楼厅。门屋面阔一间，进深三界。祖屋大小形式与门屋相同。圆堂面阔三间，进深九檩，为内四界前重轩做法。楼厅面阔三间带两厢。内四界前廊形式。花厅面阔三间，进深九檩，内四界前轩后双步形式，其前后分别有小花园。花厅后有附房三间，圆作穿斗式，较简朴。宅院南尚有老屋四间两厢。该堂的存在为研究这一地区乾隆时期的群体建筑提供了优秀的实例。此宅院目前格局保存尚好，现为潘氏后裔所有。2009年7月经苏州市人民政府公布为第六批苏州市文物保护单位。

建议通过维修整饬，保护其原有格局，恢复历史上潘氏家族大宅院的风貌。展示吴中地区清代中叶融合吴徽文化的民间建筑风格与石雕、砖雕、木雕艺术，以及富有深厚底蕴的传统文化。同时发掘整理潘尔丰经营米行赈灾济民轶事，反映三山岛清代商贸经济和社会发展的概况。

师俭堂为吴中地区香山帮建筑，具有三山岛传统民居典型性，其保护价值较高。香山帮营造技艺是第一批国家非物质文化遗产，其营造技术主要包括传统建筑的样式与构造知识、传统建筑施工工艺流程、工具的使用和建筑细部的制作、加工、安装等操作工艺。师俭堂的保护修缮是对香山帮传统建筑营造技艺的传承（图4-6-2～图4-6-6）。

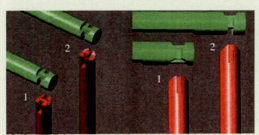

（a）圆梁 （b）有背脊圆梁 （c）黄鳝肚鲫鱼背

圆梁的断面形式

梁与柱结合方式

$\dfrac{2}{3}$

图4-6-2 梁柱结构示意图
图4-6-3 台基构造图

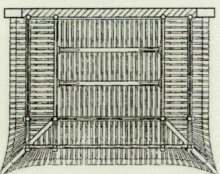

屋架仰视图

圆梁与童柱

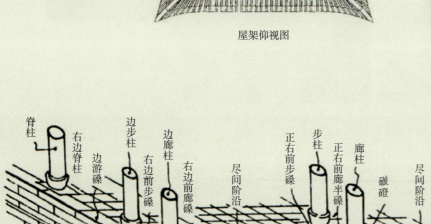

台基构造

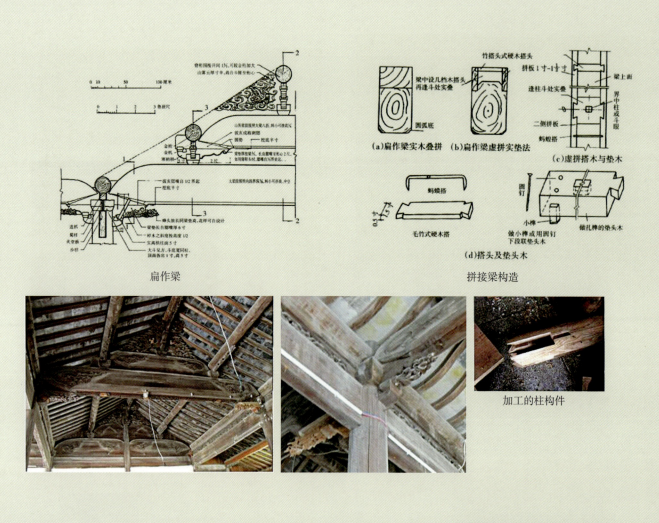

扁作梁　　　　　　　　　　　拼接梁构造

加工的柱构件

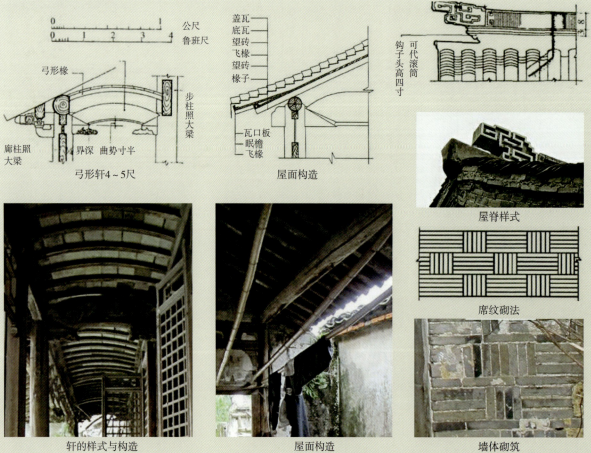

弓形轩4~5尺　　　屋面构造

屋脊样式

席纹砌法

轩的样式与构造　　　屋面构造　　　墙体砌筑

- 恢复原来墙体，墙身是白色的涂料，给人感觉整洁大方。墙脚是青灰色的砖，给人沉稳感，与白色的墙身相得益彰
- 部分窗和门改为木板门，使得建筑更贴近自然，增加建筑的亲和力，使得建筑更加温馨和自然。木材比其他材料更节能
- 修缮入口门头，展示传统民居精湛的工艺
- 修复原窗棂

4	6
5	

图4-6-4 扁作梁做法

图4-6-5 屋面及轩的构造

图4-6-6 雕花样式

4.7 生态环境保护规划

4.7.1 林地资源

保护大山、行山和小姑山形成的整体山体轮廓，尤其保护村庄、历史保护建筑周边的山林绿化和山体景观，划定山体保护线，严格控制沿山体的建设活动，保护水土资源。

加强天然林地的养护，生态公益林与特色果木相结合，逐步优化林种结构，提升生态环境。

进一步美化提升村落林木景观，结合村落绿地打造丰富的日常生活环境，打造更宜人的旅游度假氛围。

4.7.2 湿地资源

三山村处于太湖流域湿地的核心位置，应以保护流域湿地生态系统作为重要任务。

省域层面进一步落实江苏省太湖流域水环境综合治理、湿地保护等相关措施，以自然湿地和湿地公园为主要载体，开展"保护—恢复—建设—保障"系列工作。

村域范围内应加强太湖三山岛国家湿地公园维护与建设,尤其加强休闲体验区和宣教展示区的维护提升,在维持生态系统的基础上丰富科教、休闲活动,增加湿地观赏性和体验性。

受用地条件限制,规划基本保留现状用地性质和居民点布局结构,适当提高公共服务设施用地、基础设施用地比例,进一步完善服务功能(图4-7-1)。

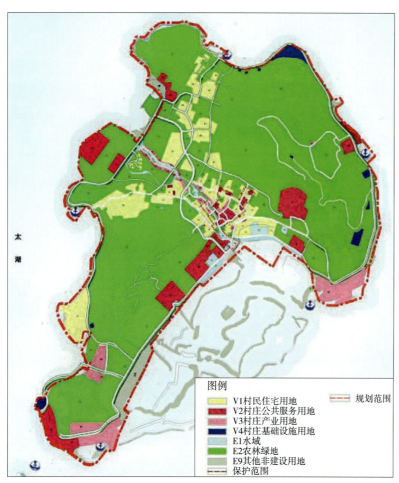

土地利用规划图

规划用地平衡表

	用地类型	面积(ha)	比例(%)
V1	村民住宅用地	23.1	12.0
V2	公共服务用地	10.13	5.26
V3	产业用地	9.23	4.79
V4	基础设施用地	9.81	5.09
E1	水域	7.93	4.12
E2	农林绿地	122.7	63.7
E9	其他非建设用地	9.7	5.04
	合计	192.6	100

图4-7-1 规划用地平衡表及土地利用规划图

4.8 空间布局规划

4.8.1 空间结构组织

空间结构组织为"一核 两轴 四点 多片区"。

一核：以靠近码头的桥头村作为全岛的核心。

两轴：核心区向西南、东北两个方向划分为不同体验的轴线。

文化与自然体验轴：桥头村向西南方湿地到小姑村，途径大量历史建筑群，到西湖堡途径生态农业园，再回到核心区桥头村。

休闲度假轴：核心区桥头村向东北方向沿岸到山东村的休闲度假基地，再由东泊村回到桥头。

四点：以小姑村、西湖堡、东泊村、山东村四个自然村作为空间节点。

多片区：根据岛上现有资源及现状，划分为湿地景观片区、生态农业体验片区与休闲度假区（图4-8-1）。

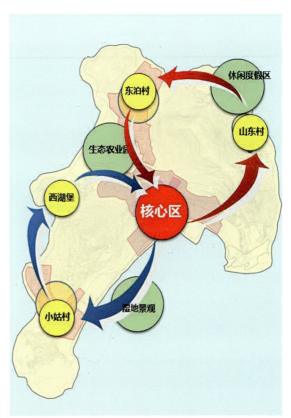

图4-8-1 空间结构分布图

4.8.2 公共空间整治

划定核心示范区、局部示范区、风貌保护区。

4.8.2.1 保护原则

1. 保护当地原有人文与自然生态的原始性；
2. 较好处理保护与发展的关系，在有限的用地空间内对传统建筑进行保护与展示；
3. 打造双日游主题设置，将全岛特色串联，设置体验不同的精华游线，结合不同文化遗存提炼特色，在小空间、短时间内展示自身魅力；
4. 岛上原始居民较少，便于开展建设工作，成效快；
5. 本质意义：仅提取具有区域共性、涉及传统本质的内容进行示范，在质量不在数量，在示范不在还原，避免千村一面、生搬硬套的情况出现。

4.8.2.2 核心示范区公共空间整治

核心示范区范围划分主要参照三山村历史演变的基本脉络，考虑到历史建筑、传统风貌建筑群及古井古树等其他传统要素分布较为集中的区域，以线性街巷空间组织串联，另由于核心示范区的区位条件优越，是全岛门户所在，故更加确立了该区域的定位（图4-8-2）。

1. 示范区涵盖内容（桥头村片区）——核心保护区

历史建筑：清俭堂、九思堂、念劬堂、经纶堂、执玉堂、薛家祠堂等。

传统风貌建筑：古民居。

其他元素：古桥、古井、古树、砖雕与石刻。

新建建筑：三山历史文化陈列馆（图4-8-3）。

2. 示范区涵盖内容（桥头村片区）——建设控制区

现状建筑：三山村村民委员会、三山岛湿地公园管委会、新建民宿、茶楼。

其他元素：原始植被、古码头等（图4-8-4）。

4.8.2.3 中观层面：打造开放空间节点

针对公共活动空间缺乏的区域，调整用地性质，新增公共空间节点。对村中的空地进行"织补"，深挖空间潜质，创造新的空间节点。

通过修整地面铺装，增强植物景观配置，新建景观建筑等措施对节点的形态进行优化，在优化的过程中应注重与原有的尺度和肌理相契合，通过节点功能的叠加和替换实现节点空间的保护与再利用（图4-8-5）。

图4-8-2 核心示范区划分布图
图4-8-3 核心保护区位置
图4-8-4 建设控制区位置
图4-8-5 开放空间

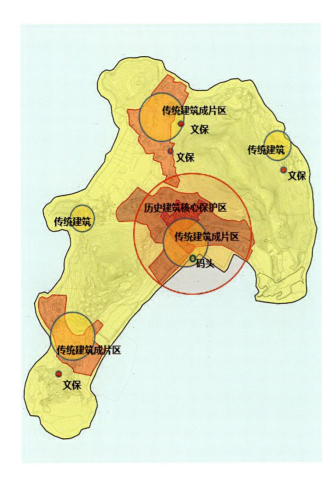
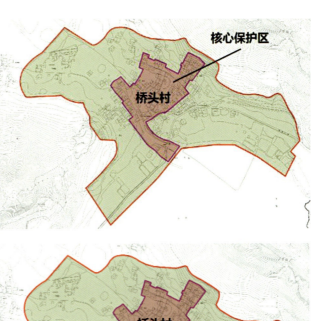

集散空间

游憩空间

观景点

4.9 村域设施规划

4.9.1 道路交通规划

梳理现状道路：打通尽端路，完善巷路路网结构。

联通核心建筑：将岛内主要特色节点联通，形成便捷的步行、自行车系统。

完善游览车辆停车场：岛内交通工具为观光电瓶车、游览自行车，通过布置适宜的车辆停放场所，加强设施的使用和管理（图4-9-1）。

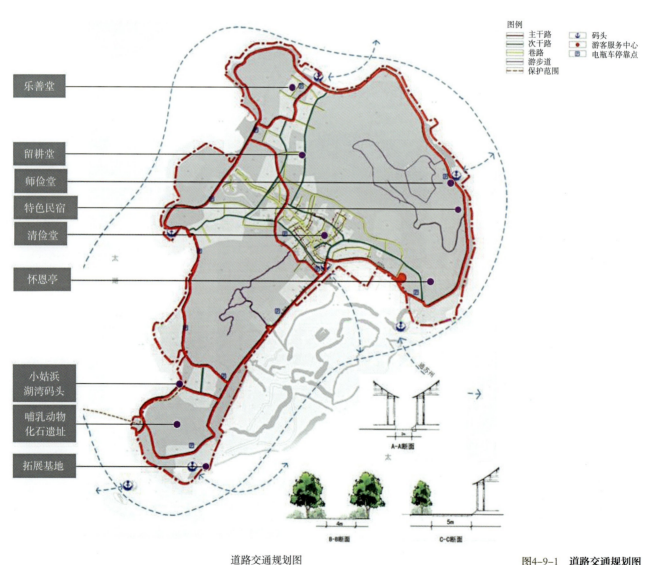

图4-9-1　道路交通规划图

4.9.2 公共服务设施规划

针对村民和外来游客分别设置相关服务设施,适当增加相关服务设施。提升现有的村委会、卫生站等基本生活设施,增加文化站、活动中心、健身设施等。扩大旅游服务中心的规模和服务内容,增加农家超市等商业设施(图4-9-2)。

图4-9-2 公共服务设施建设标准表和规划图

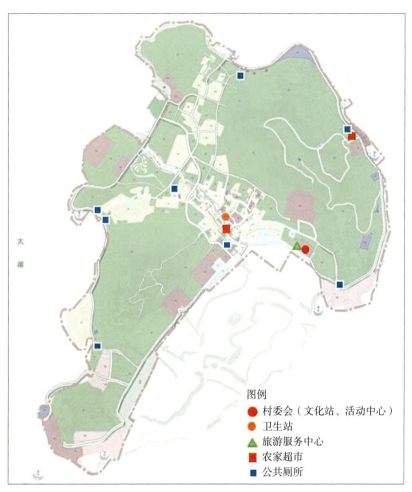

公共服务设施规划图

设施类别	设施名称	建设标准	占地面积(平方米)
行政管理	村委会	内设办公室、会议室、党员活动室、警务室、邮政代办点	700
医疗卫生	卫生站	现状改造 建筑面积约210平方米 内增设计生指导站	210
文化娱乐	文化站	与村委会合设	—
	青少年、老年活动中心	与村委会合设	—
	全民健身设施	结合村庄公共活动空间设置	500
商业服务	旅游服务中心	内设服务大厅、小件寄存处、展览厅、游览车站点、值班室及管理办公室	500
	农家超市(一)	改造现状商店,建筑面积86平方米	100
	农家超市(二)	结合村居改造布置	50

4.9.3 基础设施规划

4.9.3.1 给水工程规划

水量预测

通过计算，预计全村最高日给水量为970立方米/日。

供水方式

采用集中供水为主，以分散式供水为辅的形式并存。居民生活用水、共建生活用水等采用集中式供应为主，其他绿化、道路浇洒、广场用地等杂用水直接采用太湖水。

水源规划

建设集中式自来水厂，原水引自太湖地表水；分散式用户可根据自身情况，采用自打井的方式，取地下水为水源。

给水设施规划

保留现状自来水厂一座，以自来水厂为中心，给水管呈环状与枝状相结合的布置形式，给水主干管管径为DN100～DN200毫米，支管管径为80毫米。

4.9.3.2 排水工程规划

污水量预测

通过计算，预计全村平均日总污水量为624立方米/日。

污水设施规划

规划共建成污水处理站四座，其中，保留污水处理站两座，占地分别为1300平方米、1600平方米；改建或扩建污水处理厂2座，占地均为600平方米。

管网规划

污水管网呈枝状布置形式。根据污水量分布，沿规划道路布置污水干管，管径为d300～d400毫米。

雨水管网规划

就近分散、自流排放的原则布置雨水系统。本地区雨水经管道汇集后就近排入三山村内部水系、太湖流域。雨水管网覆盖率为100%，雨水管渠尽量沿路顺坡布置，以减少管渠埋深。排水主管径为800毫米、600毫米和500毫米，支管管径为300毫米。

4.9.3.3 供电工程规划

电力负荷预测

地区总电力负荷为4238千瓦，负荷密度为15千瓦/公顷。

电源规划

本地区电源主要由规划范围北侧10千伏水下电缆自东山风景区电网引入。

电压等级

构建10千伏中压配电、380/220伏低压配电构成的供电体系。

10千伏及低压电网规划

在三山村北部区域规划10千伏开闭所一座，开闭所转供容量约为4300千伏安。建成10千伏配电所九座，可采用箱式配电站。

4.9.3.4 通信工程规划

通信量预测

三山村固定电话总数为1048线；宽带总数为588线；有线电视总数为588线。

通信设施规划

在三山村上设置一座电信接入点，预留建筑面积200平方米，建立以移动基站为中心的移动通信网，优化网络结构，实现网络无缝覆盖；设置有线电视机房，与电信接入点共址，信号接自东山风景区。有线电视的普及率达到100%；按服务半径不超过800米的标准配置一个邮政所或邮政代办点，规划共设置三座邮政所或邮政代办点，建筑面积均为150平方米。

通信管道的建设模式

将通信管道纳入城市基础设施产业范畴，由政府统一行使管道规划、建设和监管权力，实现通信管道"统一规划、统一建设、统一管理"，保障运营商公平获得管道资源。

4.9.4 综合防灾规划

4.9.4.1 防洪规划

防太湖外洪

沿三山村环岛主干道规划建设沿路防洪堤，等级不低于20年一遇的标准。

防山洪

大山与行山之间的宽阔谷地，规划建设三重防洪设施：①保护山体植被，农林有机结合，提高雨水的下渗、蓄滞量；②沿桥头村地势最低地区疏通荷花江，形成贯通东西的内河，并于太湖接口处设置防洪闸门与排涝泵站；③沿着荷花江规划建设鱼骨状明沟、暗渠雨水收集系统。

4.9.4.2 防灾设施规划

消防站点

规划在旅游服务中心处设立消防点，配备消防机械，灭火器、小型消防车、消防摩托车等。

消防设施

沿主干道每隔120米需布置一个消防栓，沿次干道及支路有条件每隔70~80米设置一个消防栓，消防给水主要依靠三山村供水系统。

消防通道

利用岛内主要交通干道网形成消防通道。加强消防通道管理，保证消防车辆通行。

消防隔离通道

三山村北山、行山、小孤山结合高压输电走廊，应开辟若干条防火隔离带，以有效应对突发山火。

第 5 章
三山村传统村落保护与发展规划与机遇

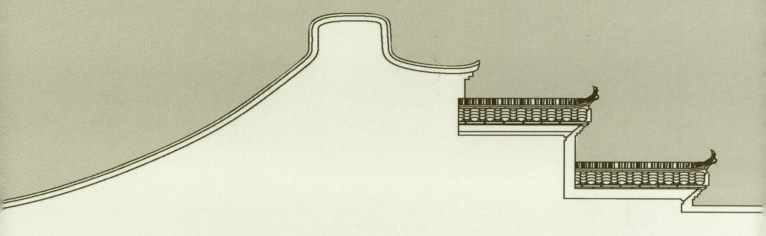

5.1 苏州三山岛历史文化名村（保护）规划图集

本节图来自苏州市规划局、北京瑞德瀚达城市建筑规划设计有限公司。

苏州市东山镇三山历史文化名村（保护）规划（2014—2020）

区位图

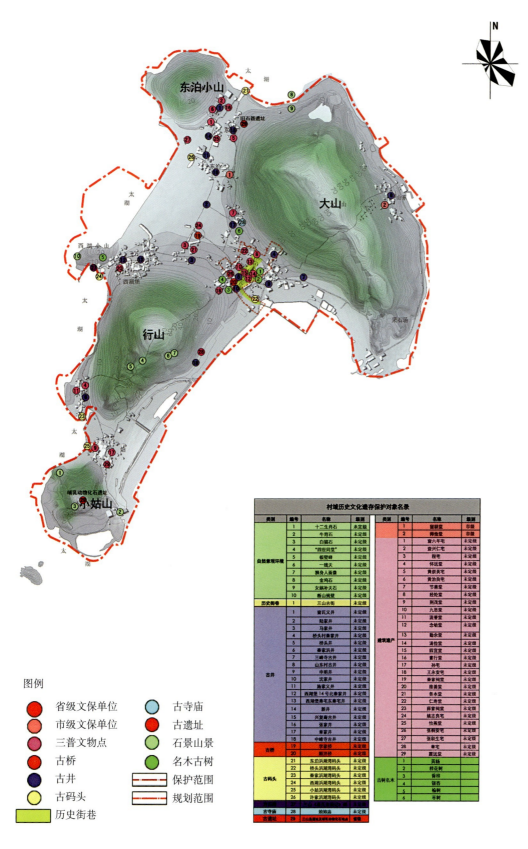

历史文化遗存分布图

现状用地平衡表

	用地类型	面积（ha）	比例（%）
V1	村民住宅用地	22.35	11.6
V2	村庄公共服务用地	2.11	1.1
V3	村庄产业用地	8.43	4.38
V4	村庄基础设施用地	7.79	4.04
E1	水域	6.37	3.31
E2	农林用地	131.25	68.15
E9	其他非建设用地	14.3	7.42
	合计	192.6	100

图例
- V1 村民住宅用地
- V2 村庄公共服务用地
- V3 村庄产业用地
- V4 村庄基础设施用地
- E1 水域
- E2 农林用地
- E9 其他非建设用地
- 保护范围
- 规划范围

土地利用现状图

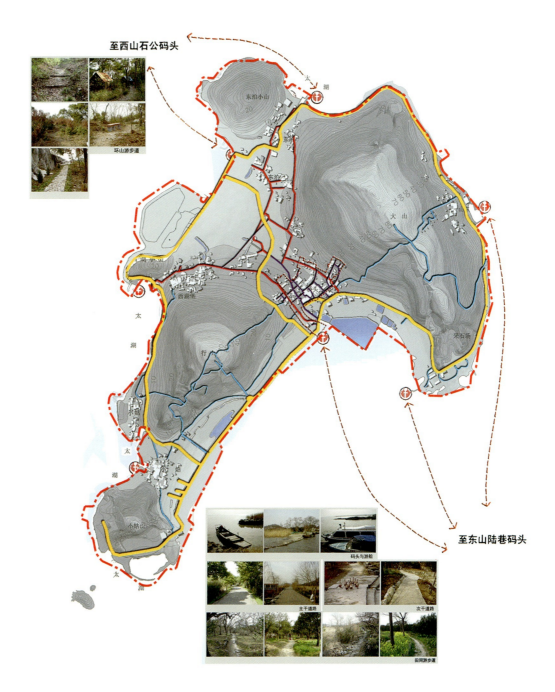

至西山石公码头

至东山陆巷码头

图例
- 码头
- 主干路
- 次干路
- 巷路
- 游步道
- 保护范围
- 规划范围

道路交通现状图

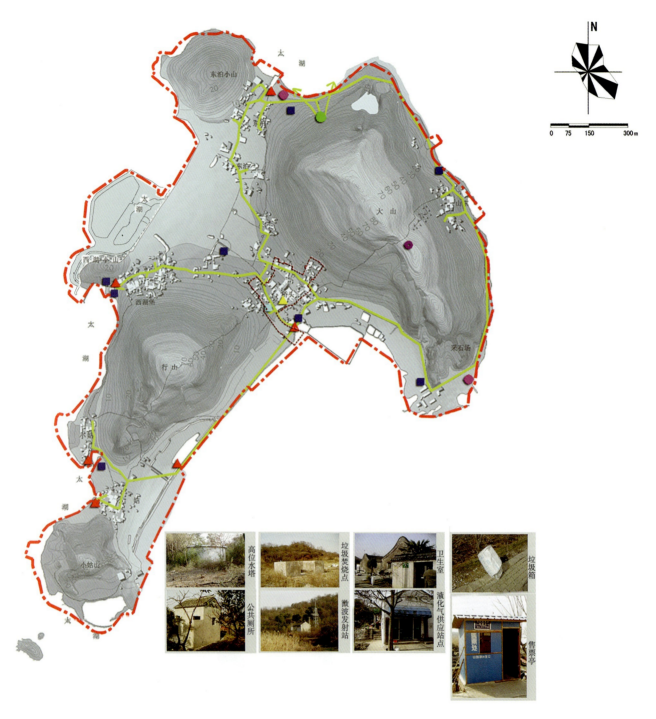

图例

- 垃圾焚烧点
- 公共厕所
- 微波发射站
- 液化气供应站点
- 售票点
- 高位水塔
- 卫生室
- 微波通道
- 保护范围
- 规划范围

公共服务设施现状图

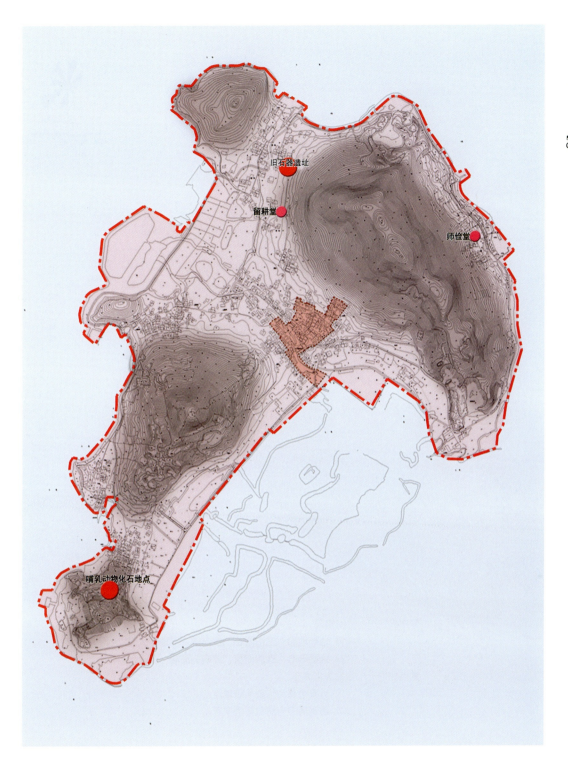

保护区划图

整体保护——空间格局
(1) 地形地貌：三山两谷、古河道、湿地、太湖
(2) 聚落形态：聚族而居、逐码头而居

重点保护——物质文化遗产
(1) 历史街巷与传统风貌地区
(2) 建筑遗存与历史环境要素

图例

- ● 省级文物保护单位
- ● 市级文物保护单位
- ● 其他物质文化遗存
- ※ 自然村
- 历史街区
- 传统风貌区
- 古河道
- 水系
- 山体
- 湿地
- 保护范围
- 规划范围

保护规划图

第 5 章
三山村传统村落保护与发展规划与机遇

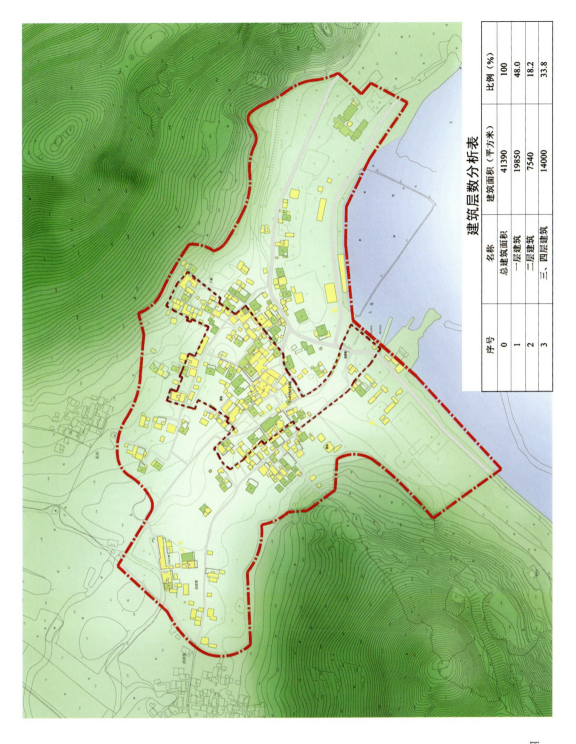

建筑层数分析表

序号	名称	建筑面积（平方米）	比例（%）
0	总建筑面积	41390	100
1	一层建筑	19850	48.0
2	二层建筑	7540	18.2
3	三、四层建筑	14000	33.8

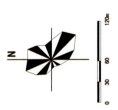

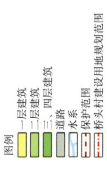

图例
一层建筑
二层建筑
三、四层建筑
道路
水系
保护范围
桥头村建设用地规划范围

建筑层数分析图

第 5 章
三山村传统村落保护与发展规划与机遇

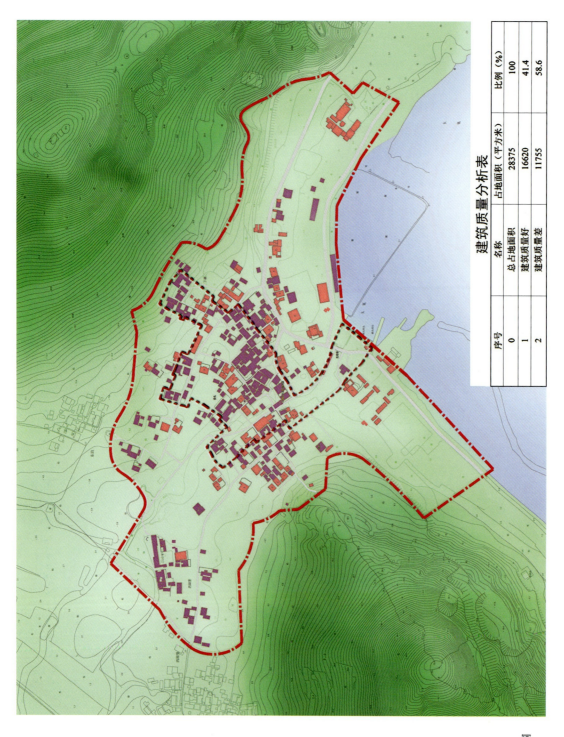

建筑质量评价图

建筑质量分析表

序号	名称	占地面积（平方米）	比例（%）
0	总占地面积	28375	100
1	建筑质量好	16620	41.4
2	建筑质量差	11755	58.6

图例
- 建筑质量好
- 建筑质量差
- 道路
- 保护范围
- 桥头村建设用地规划范围

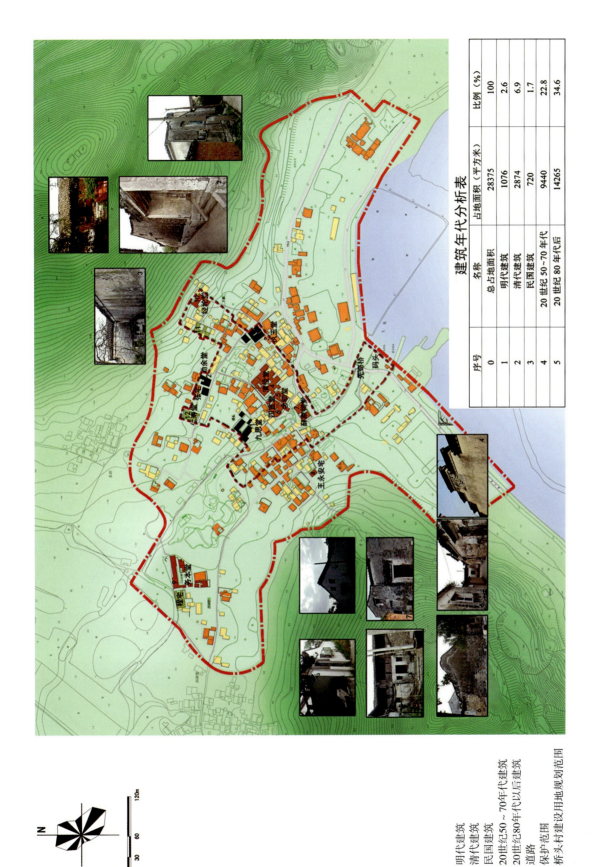

建筑年代评价图

第 5 章
三山村传统村落保护与发展规划与机遇

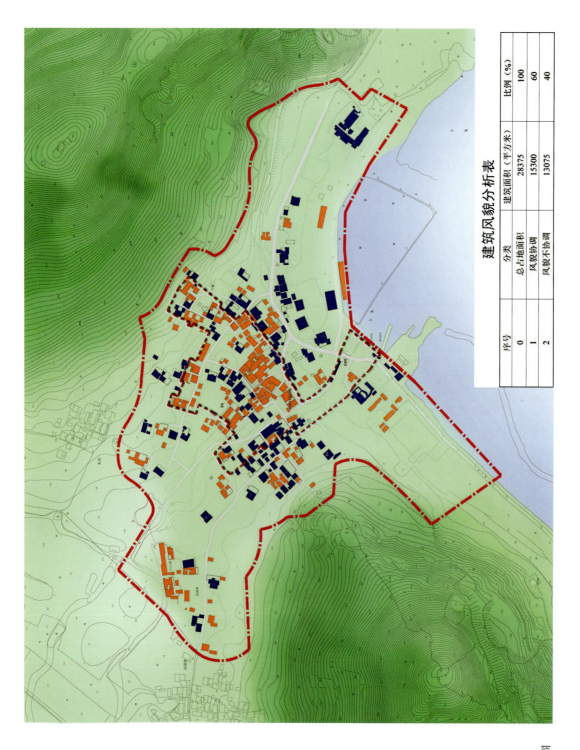

建筑风貌分析表

序号	分类	建筑面积（平方米）	比例（%）
0	总占地面积	28375	100
1	风貌协调	15300	60
2	风貌不协调	13075	40

建筑风貌评价图

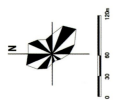

图例
- 风貌协调
- 风貌不协调
- 道路
- 保护范围
- 桥头村建设用地规划范围

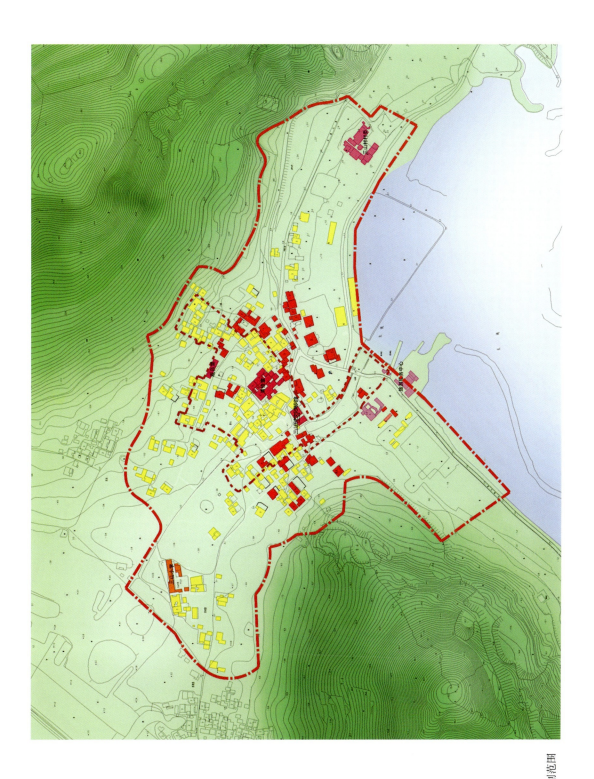

建筑功能分析图

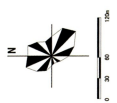

图例
居住类建筑
商业类建筑
行政办公类建筑
旅游服务类建筑
农家乐类建筑
教育类建筑
诊所类建筑
文化展览类建筑
宗教类建筑
公用设施类建筑
保护范围
桥头村建设用地规划范围

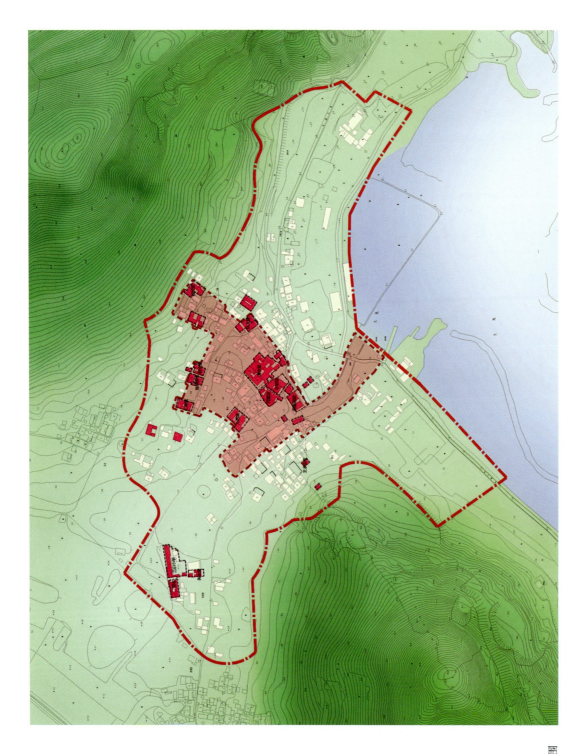

保护规划区划图

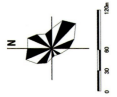

图例　三普文物建筑　文物建设控制界线　保护范围　桥头村建设用地规划范围

第5章
三山村传统村落保护与发展规划与机遇

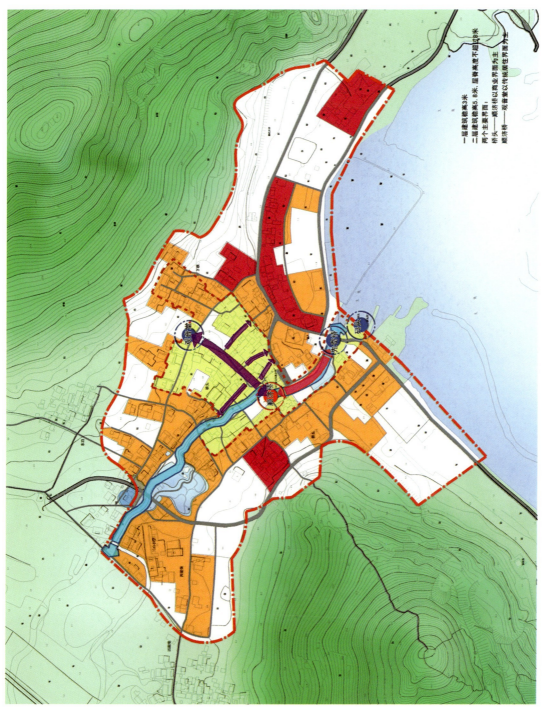

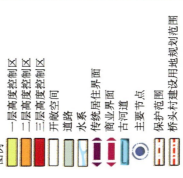

空间格局保护规划图

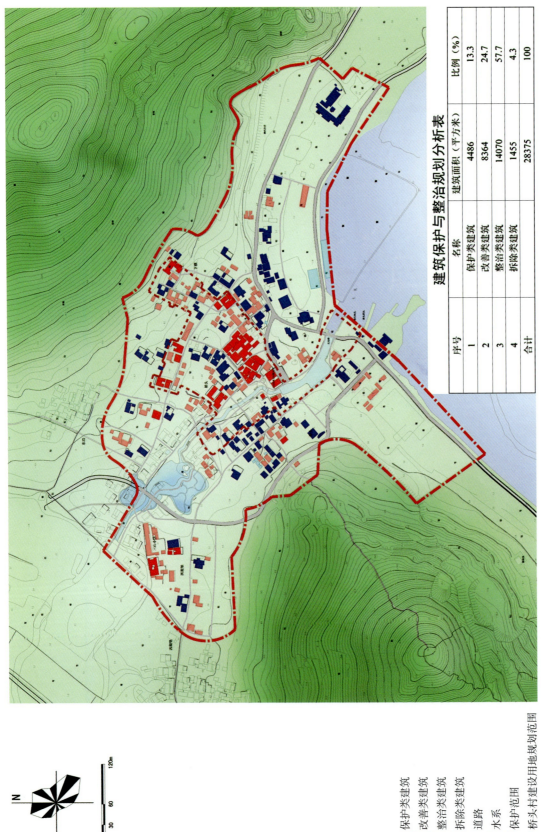

建筑保护与整治规划图

第 5 章
三山村传统村落保护与发展规划与机遇

规划用地平衡表

	用地类型	面积（ha）	比例（%）
V1	村民住宅用地	23.1	12.0
V2	村庄公共服务用地	10.13	5.26
V3	村庄产业用地	9.23	4.79
V4	村庄基础设施用地	9.81	5.09
E1	水域	7.93	4.12
E2	农林用地	122.7	63.7
E9	其他非建设用地	9.7	5.04
	合计	192.6	100

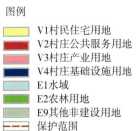

图例
- V1 村民住宅用地
- V2 村庄公共服务用地
- V3 村庄产业用地
- V4 村庄基础设施用地
- E1 水域
- E2 农林用地
- E9 其他非建设用地
- 保护范围
- 规划范围

土地利用规划图

第 5 章
三山村传统村落保护与发展规划与机遇

规划用地平衡表

	用地类型	面积（ha）	比例（%）
V1	村民住宅用地	27	14.0
V2	村庄公共服务用地	10.13	5.26
V3	村庄产业用地	10.03	5.13
V4	村庄基础设施用地	9.81	5.21
E1	水域	7.93	4.1
E2	农林用地	118	61.3
E9	其他非建设用地	9.7	5.0
	合计	192.6	100

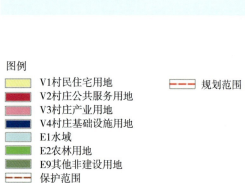

图例
- V1 村民住宅用地
- V2 村庄公共服务用地
- V3 村庄产业用地
- V4 村庄基础设施用地
- E1 水域
- E2 农林用地
- E9 其他非建设用地
- 保护范围
- 规划范围

远景规划图

图例
- 山体果林
- 公园绿地
- 庭院绿地
- 路旁绿地
- 保护范围
- 规划范围

绿地系统规划图

第 5 章
三山村传统村落保护与发展规划与机遇

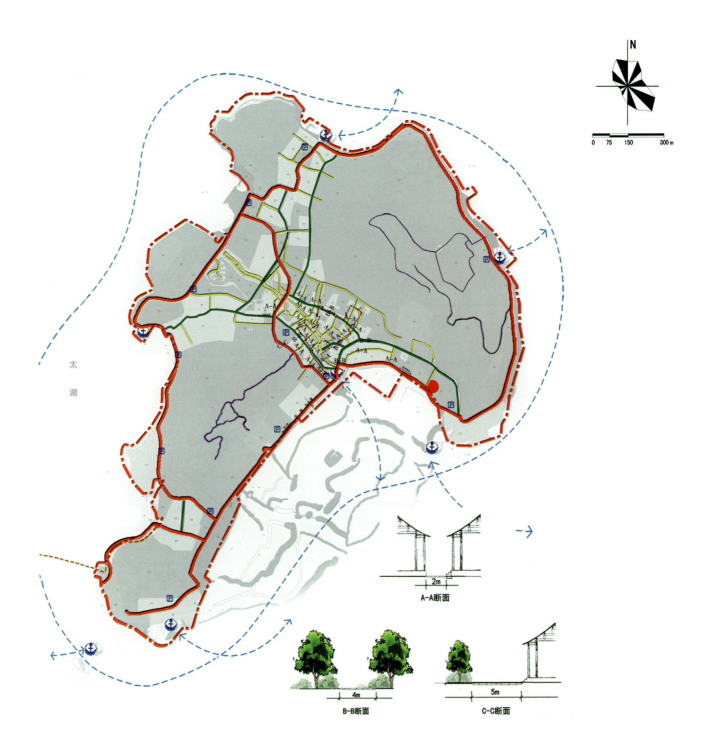

图例
- 码头
- 游客服务中心
- 电瓶车停靠点
- 主干路
- 次干路
- 巷路
- 游步道
- 保护范围
- 规划范围

道路交通规划图

产业布局规划图

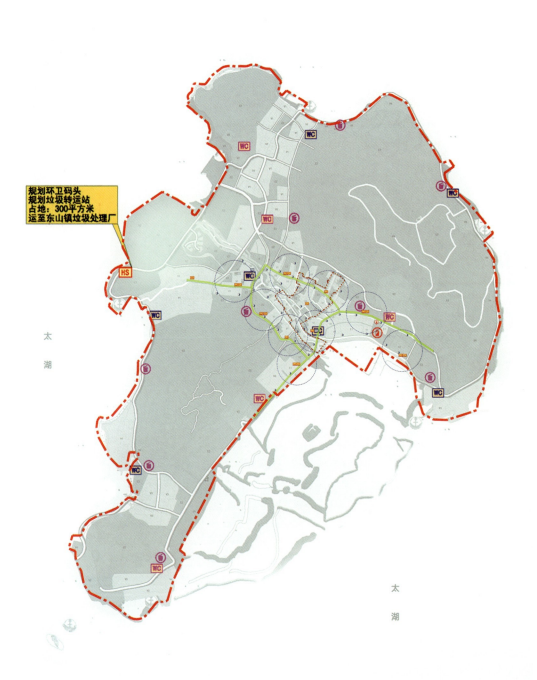

图例

HS	规划环卫码头
	规划垃圾收集点
WC	规划现状或改建公共厕所
WC	规划公共厕所
	生活垃圾收集点
	垃圾清运线路
	道路
	垃圾收集点服务半径
	废物箱
	水系
	保护范围
	规划范围

环境卫生设施规划图

第5章
三山村传统村落保护与发展规划与机遇

图例

- 规划集中式雨水调蓄池
- 规划排涝泵站
- 规划节制闸
- 规划防洪堤
- 规划加固沿岸边坡或抬高场地
- 规划消火栓
- 消防取水码头
- 防火隔离带
- 减灾指挥中心
- 避灾场地
- 消火栓
- 人流疏散方向
- 急救站
- 消防站
- 生产防护绿地
- 截洪沟
- 道路
- 水系
- 保护范围
- 规划范围

综合防灾规划图

第 5 章
三山村传统村落保护与发展规划与机遇

规划总平面图

图例　现有老民居建筑　现有民居　新建风貌建筑　树木　水系　道路街巷　保护范围　桥头村建设用地规划范围

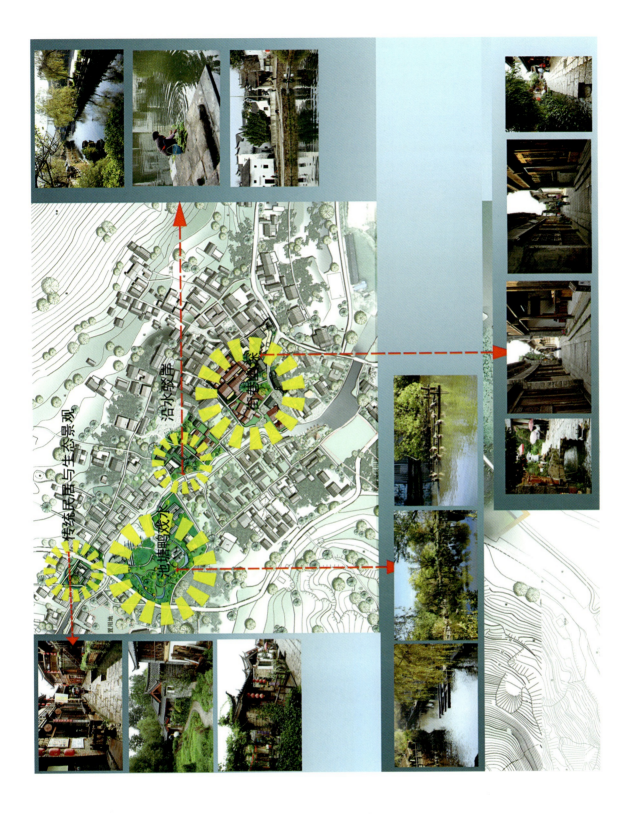

局部景观节点示意图

景观节点——小游园

效果图一

效果图二

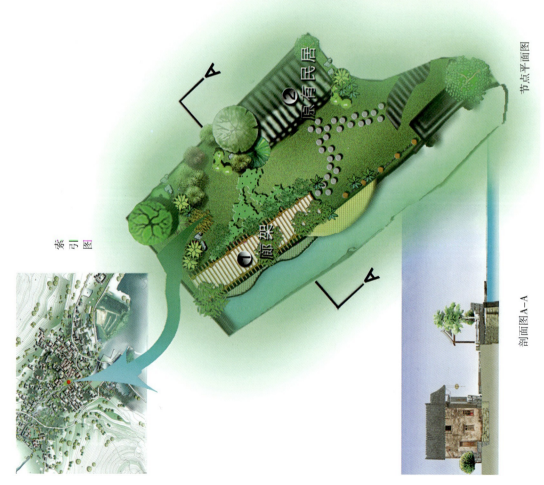

节点平面图

索引图

剖面图A-A

第 5 章
三山村传统村落保护与发展规划与机遇

效果图一　　效果图二

索引图　　节点平面图　　剖面图A-A

景观节点二——故渊清流

景观节点三——明清同井

效果图一

效果图二

明清同井节点平面图

索引图

剖面图A-A

第5章
三山村传统村落保护与发展规划与机遇

空间意向图

节点平面图

索引图

景观结构图

景观节点四——先奇桥

景观节点五——观音堂

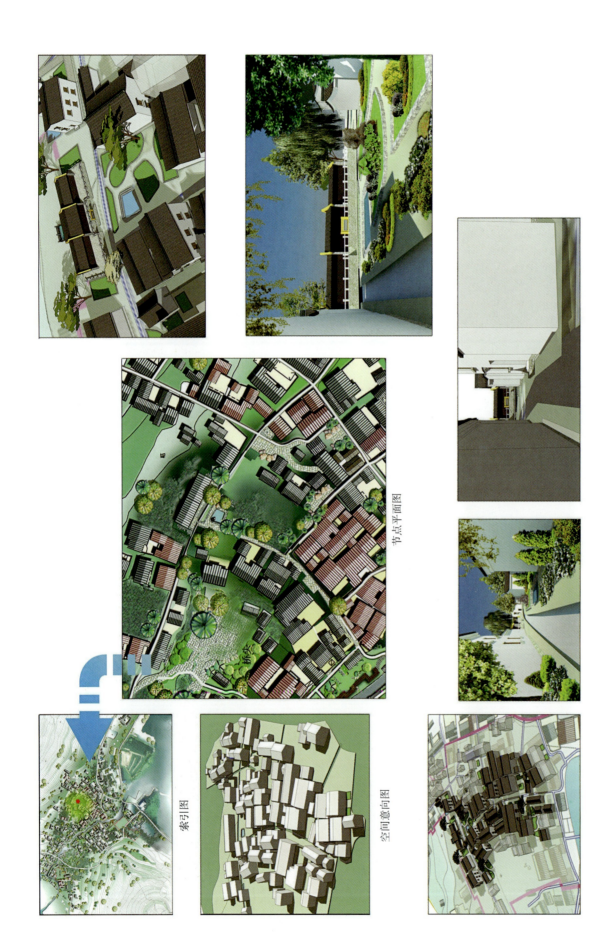

节点平面图

索引图 空间意向图

第 5 章
三山村传统村落保护与发展规划与机遇

景观节点六——顺济桥

空间意向图

节点平面图

索引图

第 5 章
三山村传统村落保护与发展规划与机遇

整体鸟瞰图

5.2 三山岛传统村落保护与发展战略选择法律法规和政策辑要

5.2.1 世界遗产国际公约

以下国际公约对于本次战略规划研究形成的三山岛传统村落保护原则尤为重要。

1. 《威尼斯宪章》对古迹及其环境的重视

（1）古迹不单纯指单体建筑物，而且包括能够见证一种特定文明（a particular civilization）、一项重大进展（a significant development）或一则历史事件（an historic event）的城市或乡村环境（urban or rural setting）；

（2）古迹的保护应包含对适当规模环境（a setting which is not out of scale）的保护；

（3）古迹不能与其所见证的历史及其产生的环境分离。

2. 《保护世界文化和自然遗产公约》对文化遗产的界定

（1）遗迹：从历史、艺术或科学角度看，具有突出的普遍价值的建筑物、碑雕与壁画，具有考古价值的元素或结构，铭文、窟洞或上述遗迹的联合体；

（2）建筑群：从历史、艺术或科学角度看，建筑艺术、匀质性或与基地协调方面具有突出的普遍价值的独立散步的或相互连接的建筑群；

（3）遗址：从历史、审美、民族或人类角度看，具有突出的普遍价值的人类工程（自然与人类相结合的工程）以及具有考古价值的场地。

3. 《内罗毕建议》对历史地区的保护

（1）历史地区所在国政府和公民应当采取适当保护措施并将其组织到当代社会生活之中；

（2）应当视历史地区及其环境为统一整体，其和谐与特色（balance and specific nature）来自人类活动与建筑、空间组织及其环境的融合；

（3）保护历史地区及其环境免受因污染和不当使用与改造而导致的破坏，同时保护由建筑群各组成部分之关联与对比形成的和谐与美感；

（4）在现代城市化背景下，新开发地区高密度、大尺度的建筑群将会破坏临近历史地区的环境与特色，建筑师与规划师应当确保历史地区的视觉环境及视线可达性不被破坏，同时将历史地区和谐地融入现代生活之中；

（5）在建筑技术及建筑形式趋同的今天，对历史地区的保护将有助于各国文化和社会价值的保护与培育（maintaining and developing）。

4.《华盛顿宪章》对历史城镇与城区的保护

（1）宪章涉及历史地区，不论大小，其中包括城市、城镇以及历史中心或居住区，也包括其自然的和人造的环境；

（2）保护历史城镇与城区意味着这种城镇和城区的保护、保存和修复及其发展并和谐地适应现代生活所需的各种步骤；

（3）对历史城镇和其他历史城区的保护应成为经济与社会发展成册的完整组成部分，并应当列入各级城市和地区规划；

（4）历史城镇和城区的保护需要认真、谨慎以及系统的方法和学科，必须避免僵化，因为个别情况会产生特定问题；

（5）在做出保护历史城镇和城区规划之前必须进行多学科的研究。保护规划必须反映所有相关要素，包括考古、历史学、建筑学、工艺学、社会学以及经济学。

5.《西安宣言》对遗产环境的保护

（1）强调有必要充分应对由于生活方式、农业、发展、旅游或大规模天灾人祸所造成的城镇、景观和遗产线路的周边或渐变；有必要充分认识、保护和延续历史建筑、古遗址和历史地区在其环境中存在的意义，以减少这些变化进程对丰富的文化遗产的真实性、意义、价值、完整性和多样性所构成的威胁；

（2）历史建筑、古遗址或历史地区的环境，界定为直接的和扩展的环境，即作为或构成其重要性和独特性的组成部分。除实体和视觉方面含义外，环境还包括与自然环境之间的相互作用；过去的或现在的社会和精神活动、习俗、传统知识等非物质文化遗产方面的利用或活动，以及其他非物质文化遗产形式，他们创造并形成环境空间以及当前的、动态的文化、社会和经济背景；

（3）环境的可持续管理，必须前后一致地、持续地运用有效的规划、法律、政策、战略和实践等手段，同时还须反映这些手段所作用的当地的或文化的背景；

（4）有关历史建筑、古遗址和历史地区的保护与管理的法律、法规和准则，应规定在其周围设立保护区域或缓冲地带，以反映和保护其环境的重要性和独特性；

（5）在历史建筑、古遗址和历史地区环境内的开发应当有助于其重要性和独特性的展示和体现。

5.2.2 我国相关法律法规

我国公布实施的以下法律法规，是形成三山传统村落保护的主要依据。

1.《中华人民共和国文物保护法》

（1）文物工作贯彻保护为主、抢救第一、合理利用、加强管理的方针。（第一章第四条）

（2）保存文物特别丰富并且具有重大历史意义或者革命意义的城市，由国务院核定公布为历史文化名城。（第二章第十四条第一款）

（3）各级文物保护单位，分别由省、自治区、直辖市人民政府和市、县人民政府划定必要的保护范围，做出标志说明，建立记录档案，并区别情况分别设置专门机构或者专人负责管理。（第二章第十五条第一款）

（4）根据文物保护的实际需要，经省、自治区、直辖市人民政府批准，可以在文物保护单位的周围划出一定的建设控制地带，并予以公布。

在文物保护单位的建设控制地带内进行建设工程，不得破坏文物保护单位的历史风貌。（第二章第十八条）

（5）在文物保护单位保护范围和建设控制地带内，不得建设污染文物保护单位及其环境的设施，不得进行可能影响到文物保护单位安全及其环境的活动。（第二章第十九条）

（6）不可移动文物已经全部毁坏的，应当实施遗址保护，不得在原址重建。但是，因特殊情况需要在原址重建的，由省、自治区、直辖市人民政府文物行政部门征得国务院文物行政部门同意后，报省、自治区、直辖市人民政府批准；全国重点文物保护单位需要在原址重建的，由省、自治区、直辖市人民政府报国务院批准。（第二章第二十二条）

（7）国有不可移动文物不得转让、抵押。建立博物馆、保管所或者辟为参观游览场所的国有文物保护单位，不得作为企业资产经营。（第二章第二十四条）

（8）进行大型基本建设工程，建设单位应当事先报请省、自治区、直辖市人民政府文物行政部门组织从事考古发掘的单位在工程范围内又可能埋藏文物的地方进行考古调查、勘探。（第三章第二十九条）

2.《中华人民共和国城市规划法》

编制城市规划应当注意保护和改善城市生态，防止污染和其他公害，加强城市绿化建设和市容环境卫生建设，保护历史文化遗产、城市传统风貌、地方特色和自然景观。（第二章第十四条）

3.《中华人民共和国非物质文化遗产保护法》

（1）保护非物质文化遗产，应当注重其真实性、整体性和传承性，有利于增强中华民族的文化认同，有利于维护国家统一和民族团结，有利于促进社会和谐和可持续发展。（总则第四条）

（2）使用非物质文化遗产，应当尊重其形式和内涵。禁止以歪曲、贬损等方式使用非物质文化遗产。（总则第五条）

（3）国家鼓励和支持公民、法人和其他组织依法设立非物质文化遗产展示场所和传承场所，展示和传承非物质文化遗产代表性项目。（第四章第三十六条）

（4）开发利用非物质文化遗产代表性项目的，应当支持代表性传承人开展传承活动，

保护属于该项目组成部分的实物和场所。（第四章第三十七条第二款）

4. 《中华人民共和国文物保护法实施条例》

（1）文物保护单位的保护范围，是指对文物保护单位本体及其周围一定范围实施重点保护的区域。

文物保护单位的保护范围，应当根据文物保护单位的类别、规模、内容以及周围环境的历史和现实情况合理划定，并在文物保护单位本体之外保持一定的安全距离，确保文物保护单位的真实性和完整性。（第二章第九条）

（2）文物保护单位的建设控制地带，是指在文物保护单位的保护范围外，为保护文物保护单位的安全、环境、历史风貌对建设项目加以限制的区域。

文物保护单位的建设控制地带，应当根据文物被保护单位的类别、规模、内容以及周围环境的历史和现实情况合理划定。（第二章第十三条）

5. 《历史文化名城名镇名村保护条例》

（1）申报历史文化名城，由省、自治区、直辖市人民政府提出申请，经国务院建设主管部门会同国务院文物主管部门组织有关部门、专家进行论证，提出审查意见，报国务院批准公布。（第二章第九条第一款）

（2）历史文化名城、名镇、名村应当整体保护，保持传统格局、历史风貌和空间尺度，不得改变与其相互依存的自然景观和环境。（第四章第二十一条）

（3）在历史文化名城、名镇、名村保护范围从事建设活动，应当符合保护规划的要求，不得损害历史文化遗产的真实性和完整性，不得对其传统格局和历史风貌构成破坏性影响。（第四章第二十三条）

（4）历史文化街区、名镇、名村建设控制地带内的新建建筑物、构筑物，应当符合保护规划确定的建设控制要求。（第四章第二十六条）

（5）对历史文化街区、名镇、名村核心保护范围内的建筑物、构筑物，应当区分不同情况，采取相应措施，实施分类保护。

历史文化街区、名镇、名村核心保护范围内的历史建筑，应当保持原有的高度、体量、外观形象及色彩等。（第四章第二十七条）

（6）在历史文化街区、名镇、名村核心保护范围内，不得进行新建、扩建活动，但是，新建、扩建必要的基础设施和公共服务设施除外。

在历史文化街区、名镇、名村核心保护范围内，为新建、扩建必要的基础设施和公共服务设施的，经城市、县人民政府城乡规划主管部门核发建设工程规划许可证、乡村建设规划许可证前，应当征求同级文物主管部门意见。

在历史文化街区、名镇、名村核心保护范围内，拆除历史建筑以外的建筑物、构筑物或者其他设施的，应当经城市、县人民政府城乡规划主管部门会同同级文物主管部门批

准。（第四章第二十八条）

（7）城市、县人民政府应当在历史文化街区、名镇、名村核心保护范围的重要出入口设置标志牌。

任何单位和个人不得擅自设置、移动、涂改或者损毁标志牌。（第四章第三十条）

（8）历史建筑的所有权人应当按照保护规划的要求，负责历史建筑的维护和修缮。

任何单位或者个人不得损坏或者擅自移动、拆除历史建筑。（第四章第三十三条第一、四款）

（9）在历史文化名城、名镇、名村保护范围内涉及文物保护的，应当执行文物保护法律、法规的规定。（第四章第三十六条）

6.《太湖流域管理条例》（2011年8月）

（1）禁止在太湖流域饮用水水源保护区内设置排污口、有毒有害物品仓库以及垃圾场；已经设置的，当地县级人民政府应当责令拆除或者关闭。（第一章第八条）

（2）太湖流域的养殖、航运、旅游等涉及水资源开发利用的规划，应当遵守经批准的水功能区划。

在太湖流域湖泊、河道从事生产建设和其他开发利用活动的，应当符合水功能区保护要求；其中在太湖从事生产建设和其他开发利用活动的，有关主管部门在办理批准手续前，应当就其是否符合水功能区保护要求征求太湖流域管理机构的意见。（第三章第二十条）

（3）太湖岸线内和岸线周边5000米范围内，淀山湖岸线内和岸线周边2000米范围内，太浦河、新孟河、望虞河岸线内和岸线两侧各1000米范围内，其他主要入太湖河道自河口上溯至1万米河道岸线内及其岸线两侧各1000米范围内，禁止下列行为：

设置剧毒物质、危险化学品的贮存、输送设施和废物回收场、垃圾场；设置水上餐饮经营设施；新建、扩建高尔夫球场；新建、扩建畜禽养殖场；新建、扩建向水体排放污染物的建设项目。

已经设置前款第一项、第二项规定设施的，当地县级人民政府应当责令拆除或者关闭。（第三章第三十条）

7.《苏州市古村落保护办法》（2005年6月）

（1）市和县级市、区人民政府负责本行政区域内的古村落保护，应当将古村落保护纳入本地区国民经济和社会发展规划。

古村落所在地镇人民政府（街道办事处，下同）负责本辖区内的古村落的日常管理和具体保护项目的实施。古村落较多的镇人民政府应当设立古村落保护管理机构。（第三条）

（2）古村落的保护，应当坚持统筹规划、有效保护、合理利用、科学管理的原则。（第五条）

（3）古村落保护规划应当明确古村落的规模和发展方向，合理布局各区块功能，保持古村落的传统风貌和历史文化气息。

古村落规划保护范围内的土地利用和各项建设，必须符合古村落保护规划的要求。（第九条）

（4）编制古村落保护规划，应当根据古村落的历史遗存和现实情况，划定重点保护区和风貌协调区。重点保护区内不得进行与保护无关的建设工程。

古村落内新建建筑的高度、形式、体量、色彩等必须与古村落的历史风貌相协调，建设、规划行政主管部门在审批前，应当征求当地文物行政主管部门的意见。（第十条）

（5）古村落的传统街巷风貌整治和立面改造方案，应当符合古村落保护规划，并征求当地文物行政主管部门意见。

古村落内村民新建、改建、扩建房屋，应当符合古村落保护规划，其方案由村民委员会组织公示。

古村落重点保护区内原有与风貌不协调的建筑应当逐步整治或者拆除。（第十六条）

（6）古村落内的古建筑和石道板、井圈、古牌坊、古桥梁、古砖刻门楼等古构筑物、古建筑构件不得擅自拆除或者迁移。确需迁移或拆除的，必须征得当地文物行政主管部门同意后，报规划行政主管部门批准，拆除的古建筑构件不得出售，应当报请当地文物行政主管部门处理。（第十七条）

（7）古村落内的建筑装饰、装修必须符合下列规定。

保持传统的色彩，以黑、白、灰为主色调；

工艺上采用传统的砖雕、木雕、石雕；

沿传统街巷建筑表层的门窗应当为木制，踏步应当使用石质材料，应当采用传统做法；护栏、店堂招牌、字号、临街广告应当与传统风貌相协调。（第十八条）

（8）古村落应当保持自然生态环境，周围山体应当绿化，河道应当定期清淤整治。

古村落不得新建架空线路，已有架空线路应当自古村落公布之日起五年内由相关部门逐步地埋、内设。（第十九条）

（9）古村落应当保持原有的生活状态，适度发展旅游和文化产业，防止无序和过度开发。（第二十条）

（10）古村落的旅游开发，可以采取股份制的形式，村民以其所有的古建筑租赁或入股，同时吸收社会资金入股，参与古村落的保护、经营和收益。

国有资产、国有控股公司应当优先投资保护古村落。

社会资金参与古村落保护的，可以参照《苏州市区古建筑抢修贷款贴息和奖励办法》进行奖励。（第二十一条）

（11）对因古村落保护需要迁出古建筑的村民，可以参照房屋拆迁补偿或者征地拆迁补偿的有关规定执行。

对因无力维修而自愿把古建筑转让给村民委员会的村民，可以另行安置。（第二十二条）

（12）古村落内应当安装公共消防设施，主要街巷应当设置消防栓，古建筑应当配置消防器材。（第二十三条）

（13）古建筑内不得举行危害古建筑安全的活动。

古建筑不得作为柴草、煤气罐等易燃、易爆物品的堆放储备场所。

古建筑使用的电气线路应当穿管保护，线径、用电负荷应当与建筑的使用性质相匹配，可燃材料不得直接安装在发热用电器具上。（第二十四条）

5.2.3 国家相关政策

《住房和城乡建设部、文化部、国家文物局、财政部关于切实加强传统村落保护的指导意见》

（1）指导思想。以党的十八大、十八届三中全会精神为指导，深入贯彻中央城镇化工作会议、中央农村工作会议、全国改善农村人居环境工作会议精神，遵循科学规划、整体保护、传承发展、注重民生、稳步推进、重在管理的方针，加强传统村落保护，改善人居环境，实现传统村落的可持续发展。

（2）基本原则。坚持因地制宜，防止千篇一律；坚持规划先行，禁止无序建设；坚持保护优先，禁止过度开发；坚持民生为本，反对形式主义；坚持精工细作，严防粗制滥造；坚持民主决策，避免大包大揽。

（3）主要目标。通过中央、地方、村民和社会的共同努力，用三年时间，使列入中国传统村落名录的村落（以下简称中国传统村落）文化遗产得到基本保护，具备基本生产生活条件、基本的防灾安全保障、基本的保护管理机制，逐步增强传统村落保护发展的综合能力。

（4）保护文化遗产。保护村落的传统选址、格局、风貌以及自然和田园景观等整体空间形态与环境。全面保护文物古迹、历史建筑、传统民居等传统建筑，重点修复传统建筑集中连片区。保护古路桥涵垣、古井塘树藤等历史环境要素。保护非物质文化遗产以及相关的实物和场所。

（5）改善基础设施和公共环境。整治和完善村内道路、供水、垃圾和污水治理等基础设施。完善消防、防灾避险等必要的安全设施。整治文化遗产周边、公共场地、河塘沟渠等公共环境。

（6）合理利用文化遗产。挖掘社会、情感价值，延续和拓展使用功能。挖掘历史科学艺术价值，开展研究和教育实践活动。挖掘经济价值，发展传统特色产业和旅游。

（7）建立保护管理机制。建立健全法律法规，落实责任义务，制定保护发展规划，出台支持政策，鼓励村民和公众参与，建立档案和信息管理系统，实施预警和退出机制。

（8）保持传统村落的完整性。注重村落空间的完整性，保持建筑、村落以及周边环境的整体空间形态和内在联系，避免"插花"混建和新旧村不协调。注重村落历史的完整性，保护各个时期的历史记忆，防止盲目塑造特定时期的风貌。注重村落价值的完整性，挖掘和保护传统村落的历史、文化、艺术、科学、经济、社会等价值，防止片面追求经济价值。

（9）保持传统村落的真实性。注重文化遗产存在的真实性，杜绝无中生有，照搬抄袭。注重文化遗产形态的真实性，避免填塘、拉直道路等改变历史格局和风貌的行为，禁止没有依据的重建和仿制。注重文化遗产内涵的真实性，注重村民生产生活的真实性，合理控制商业开发面积比例，严禁以保护利用为由将村民全部迁出。

（10）保持传统村落的延续性。注重经济发展的延续性，提高村民收入，让村民享受现代文明成果，实现安居乐业。注重传统文化的延续性，传承优秀的传统价值观、传统习俗和传统技艺。注重生态环境的延续性，尊重人与自然和谐相处的生产生活方式，严禁以牺牲生态环境为代价过度开发。

（11）明确责任义务。省级四部门负责本地区的传统村落保护发展工作，编制本地区传统村落保护发展规划，制定支持措施。地市级人民政府负责编制本地区传统村落保护整体实施方案，制定支持措施，建立健全项目库。县级人民政府对本地区的传统村落保护发展负主要责任，负责传统村落保护项目的具体实施。乡镇人民政府要配备专门工作人员，配合做好监督管理。

村集体要根据保护发展规划，将保护要求纳入村规民约，发挥村民民主参与、民主决策、民主管理、民主监督的主体作用。村两委主要负责人要承担村落保护管理的具体工作，应成为保护规划编制组主要成员。传统建筑所有者和使用者应当按规划要求进行维护和修缮。

5.2.4 相关技术规范与规划

（1）《历史文化名城保护规划规范》（2005.7）
（2）《太湖风景名胜区总体规划（2013—2030）》
（3）《苏州市吴中区旅游发展总体规划（2009—2020）》
（4）《苏州市东山镇总体规划（2006—2020）》
（5）《太湖风景名胜区东山景区三山岛规划（2006—2020）》
（6）《苏州太湖三山岛国家湿地公园总体规划（2011—2018）》

（7）《苏州市旅游业发展"十二五"规划》（2011.8）

（8）《苏州市东山镇三山岛村古村落保护与建设规划》（2007）

5.3 三山村遗产保护现实条件

5.3.1 传统民居迅速消失

三山村传统民居的消失表现在两个方面，一是自然消失，二是人为破坏。现存传统民居多数建在清代中后期，以穿斗式梁架结构为主。随着村民生活水平逐渐提高，许多住户从老宅院中搬迁出来，另建新房，将传统民居作为杂物间废弃一旁。这些民居历经风吹日晒，年久失修，日渐破败不堪，甚至梁架、墙体坍塌。除师俭堂、清俭堂和薛家祠堂等建筑状况较好，但也长期空置外，其他完整保存的民居建筑寥寥无几。特别是近几年来三山村水、电、路等市政基础设施不断改善，很快带动了农家乐旅游业兴起，村民纷纷扩大建筑面积，办起农家乐客栈，加之三山岛建设用地十分有限，于是为了修建建筑体量较大的客栈宾馆，就在自家宅基地大拆大建，严重影响了三山岛传统村落的传统格局，造成许多传统民居迅速消失。

5.3.2 遗产保护意识不足

三山岛传统村落虽然历史文化遗产不少，但是村民普遍没有意识到遗产保护的必要性和紧迫性。由于生活在经济快速发展的苏锡常地区，在推进城镇化过程中，盲目追求城市文明，效法城市生活方式，随意拆除和改建历史遗存的传统宅院和民居，导致现存保护较为完好的宅院和民居为数不多，且大都空置毁损。尤其在农家乐低端旅游业态受益的刺激下，兴起拆旧建新之风，局部地段新建筑体量过大，竞相建起了三~五层的不协调建筑，墙体材料和门窗样式均已改变，这种现象其中尤以东泊村为甚，严重破坏了村落的整体历史风貌。有的古街巷被拓宽，主要道路均用混凝土材料取代了原来的卵石铺砌。位于桥头村的岛上唯一用于排水防涝的荷花江（古称长江）也被挤占填埋，仅存排污沟。此外对旧石器时代和哺乳化石遗址没有采取任何保护利用措施，发掘出的一万年前化石尚未有效保管和展示，仍旧搁置在简陋的柜子里。

5.3.3 现实问题处理

本研究成果所说特殊问题处理涵盖两种情况：其一是指在三山岛传统村落核心保护区和建设控制地带内，对已批准建成使用的多层公共建筑、住宅建筑的处理；其二是指对低层危旧住房和不协调建筑可否进行房地产开发和改造。上述问题在三山岛传统村落保护中具有普遍性，是三山岛传统村落保护和发展无法回避的问题，也是三山村委会和居民群众共同关注的实际问题。

本研究成果所称不协调建筑，是指建筑体量、建筑高度、建筑形式、建筑外观风貌、建筑材料以及建筑色彩等与三山岛传统村落特色、空间轮廓、历史传统风貌和历史建筑外观特征相关联的视觉景观明显不和谐的建筑物、构筑物。包含高层和多层公共建筑、住宅建筑。

基于三山岛村现阶段的经济社会状况，本研究认为，对三山岛传统村落保护整治应突出重点、先易后难、循序渐进，根据保护要求和具体情况，对已经形成事实的大量不协调建筑采取拆除、改建、降层、整饬和暂时保留的整治措施。换言之，对已经建成的与历史建筑传统风貌不协调的部分多层或高层建筑，原则上暂时不拆，可规划为将来拆除的建筑，随着条件成熟逐步进行整治，同时必须坚决制止继续审批和新建不协调建筑，遏制文物环境和历史建筑的传统风貌破坏扩大化；对于桥头村核心保护区范围内的不协调建筑，应当限期拆除或改建；对于桥头村控制性地带的不协调建筑，应当改建或整饬。另外，在此必须说明，对于不协调建筑采取将来拆除措施，目的并非是永久保留，而是待经济发展到一定阶段或该建筑不能继续使用时再行拆除或改建。

5.4 三山岛传统村落保护发展方针及原则

5.4.1 贯彻方针与遵循原则

根据上述法律法规和政策辑要，三山岛作为中国历史文化名村和中国传统村落，应当在《文物保护法》的大框架下，坚持"保护为主、抢救第一、合理利用、加强管理"的方针。

"保护为主、抢救第一、合理利用、加强管理"是全国人大常委会于2008年修订通过的《中华人民共和国文物保护法》总则确定的方针，完全符合我国国情，不仅对于文物保护工作具有很强的指导意义，而且也适用于保护那些未列入不可移动文物的历史建筑或构筑物，经过实践证明行之有效。但是三山岛毕竟属于乡村聚落，是农耕生产的空间物质载体，主导村落延续发展的主题是人，是祖祖辈辈在湖岛繁衍生息的村民，而不是静止的馆藏文物，应当以动态的观念顺势而为，促其保护发展。因此在大方针下确定保护原则，一定要切合三山村生产生活的实际，将三山岛看作完整的有机生命体，从而把握尺度，使遵循原则具有较强的针对性与操作性，减少盲目性。

确定保护发展原则离不开三山岛传统村落的三大基本要素，即历史价值、文化特色和现实条件。本次规划研究正是秉持科学态度，根据《历史文化名城名镇名村保护条例》和《住房和城乡建设部、文化部、国家文物局、财政部关于切实加强中国传统村落保护的指导意见》，在充分研究分析三大要素的基础上，针对三山村的特点及其现实条件，因地制宜，在推进保护发展工作中应当遵循"完整保护、抢救优先、收放有度、突出特色"的原则。

5.4.2　保护发展原则解释

在以上保护发展原则下，包含两层意思：

纵向来看，鉴于三山岛传统村落建设已经形成事实的现状情况。近些年来经济快速发展和城镇化进程不断加快，导致传统村落中的历史街巷大量减少，取而代之的是与古村传统格局和历史风貌不协调的建筑，古村内原有的民居已陆续变成大杂院，历史建筑常年失修，损坏严重，不少建筑已经拆除改建，或将屋顶、门窗更换了新材料、新样式。

依然强调对三山岛传统村落进行原状保护既不可能，也不现实。但是作为一座完整的传统村落所拥有的大量信息和元素至今仍旧存在，需要进行保护，弘扬其优秀传统文化。

横向来看，虽然大量的历史信息已经消逝，但相对于我国大多数同样是历史悠久的古村，三山岛传统村落地下、地上仍然保留有相对数量丰富的历史遗产，综合评价仍不失为一座具有重大价值和文化特色的古村。但是，鉴于三山岛传统村落目前正面临着前所未有的压力，如何保护抢救这些遗产，使这些遗产得以代代相传、可持续利用，成为拉动经济社会发展的资源优势，正是本研究需要破解的核心问题，我们必须抢救三山岛传统村落，但是需要进一步唤醒民族意识，把三山岛传统村落文化遗产保护提升到对国家和历史负责的高度，采取一系列行之有效的管治措施和科学合理的更新方式，大力促进三山岛传统村落的保护和发展。

这里所称"完整保护"，体现了对传统村落保护完整性的基本要求。是指对村落空间形态及其与周边环境的内在联系，村落历史的完整性和村落价值的完整性。其中涵盖了对三山岛传统村落的所有不可移动文物及其环境采取禁止开发建设、有条件限制开发建设和控制三山岛传统村落内的传统格局、建筑高度、建筑体量、建筑形式、建筑色调的保护措施。保护对象主要涉及村域范围内的历史文物、古遗址、街巷格局、河道水系、历史建筑和传统风貌等的建设活动。

对于三山岛传统村落实行完整保护，并不是将整座湖岛划定为文物保护单位的保护范围，基于以下考虑：

第一，文物保护单位的保护范围是《文物保护法》针对保护不可移动文物而设定的一个法律概念。《文物保护法》规定："文物保护单位的保护范围内不得进行其他建设工程或者爆破、钻探、挖掘等作业。"由于一旦划定保护范围，必须严格依法行政，不但要禁止其他建设工程，而且还要直接影响与其他建设工程有关的经济社会活动和居民的起居生活。因此，划定保护范围一定要有度，要慎重，要合理。《文物保护法实施条例》把文物保护单位的保护范围限定在"一定范围"，规定"文物保护单位的保护范围，应当根据文物保护单位的类别、规模、内容以及周围环境的历史和现实情况合理划定"。

第二，根据村落整体格局和传统风貌保存的现状条件，三山岛传统村落的核心保护区范围划定为桥头村内传统民居建筑集中的历史街区及古河道用地。具体范围包括沿古河道驳岸及其古河道通往观音堂的古街一线所有保护建筑，包含薛家祠堂、清俭堂、九思堂、仁寿堂、王永安宅、务本堂和程宅等多处古民居建筑，以及体现传统吴文化起居生活形态特征的古民居空间聚落和桥头村历史环境要素的古驿站、古码头等文化遗产均涵盖其中，面积为3.48公顷。核心保护区各类传统民居建筑用地面积占保护区内建筑总用地的60%。

本次规划研究认为，根据三山岛传统村落的历史与现实情况，对三山岛传统村落实行整体控制，禁止新建、改建、扩建与古村传统风貌不协调的各类建筑，并在近期和中期对古村范围内的建筑及环境进行全面整治，保护传统格局，恢复历史风貌，是符合实际的，也是科学合理的。

"抢救优先"是针对三山岛村传统建筑迅速消失，不少文化遗产面临濒危的突出问题，划定核心保护区和建设控制地带，采取抢救性政策和技术措施，确定重点，做出实施方案。要按照《文物保护法》的要求，对省级文物保护单位、村落主要轴线、重要节点建筑、传统街巷格局以及河道水系等传承某一历史时期特定的文化信息、艺术价值的特定载体实施最严厉的保护措施，坚决拆除保护范围内与文物及其环境风貌不协调的建筑物及构筑物，对其建设控制地带进行重点整治与严格管理，切实保护不可移动文物的真实、完整和安全。同时根据《历史文化名城名镇名村保护条例》，对三山岛传统村落的传统格局、历史风貌、空间尺度、历史文化街巷和历史建筑，实施整体保护。对确定保护的濒危建筑或民居应及时抢救修缮。

在近期，三山岛传统村落应将抢救保护传统民居院落和建筑作为完整保护的必要手段和重大举措。

"收放有度"体现对三山岛传统村落保护与发展度的把握。三山岛村是由桥头、山东、东泊、西湖、小姑等五个自然村落组成的行政村。在其历史沿革的过程中,由于桥头村的所处位置紧邻古代太湖主航道,是太湖驿站所在地,因此始终处于中心村地位。迄今该村仍为村党支部和村委会驻地。不仅如此,三山岛现存传统建筑主要也集中分布在桥头村,村落传统格局、空间肌理与街巷尺度基本保持完整,明清间井形态尚存。相比之下,在其他自然村保留下来的传统建筑已经所剩无几。鉴于三山岛乡村聚落形成和发展的历史文脉、文化特征及其现状条件,同时考虑到这些村落的资源开发利用和发展需要,根据不同情况采取区别对待的政策,在保护文化遗产上确定重点,有收有放。将桥头村作为三山岛传统村落的核心保护对象,加大监管力度,集中连片划定保护范围,包括核心保护区和建设控制地带两个保护圈层,并在其外围环境划定风貌协调地带。对于核心保护区和建设控制地带监管采取收紧制衡措施。而对另外四个自然村落,因其传统建筑不具备一定规模,在总体控制村落传统格局、空间肌理、建筑高度和建筑体量的前提下,对于零星分布的文物、历史建筑和传统民居明确为保护对象,划定保护范围。位于保护范围以外的现状建筑和新建建筑只要与整个村落历史风貌协调,不构成严重冲突,管控措施可适当放开,重在引导。做到该收的收,该放的放,收放有度,避免简单化一概而论。这样既能有效保护传统村落,又能更好地照顾村民利益。收放有度的原则用于核心保护区和建设控制地带,同样可以奏效。

"突出特色"是为彰显三山岛传统村落独特的自然生态景观和历史文化。传统村落的特色有别于其他的识别性特征。我国幅员辽阔,是一个具有悠久历史的多民族国家。在不同历史时期形成的古村落,因其选址的山形地貌、水文地质、气候条件、建筑材料、建造工艺,以及传统文化、地域文化、民族文化和宗教信仰等方面存在着很大差异,所以村落形态绝不雷同,风貌各有特色,意象表征颇具识别性。这种识别性就是事物特征通过人的感官领悟,所产生的区别其他事物的一种固有属性特征。三山岛位于太湖之中,地形地貌奇特,自然景观宜人,古称"小蓬莱",至今在苏锡常地区犹如世外桃源,保存着如诗如画的田园风光,加之拥有悠久丰厚的历史文化积淀,实为都市人们返璞归真、寻梦休闲度假养生的绝佳去处。突出三山岛特色,就是要突出其自然生态的淳朴原真和历史文化的意蕴丰厚,突出其清、幽、秀、美的审美价值和文化品位。

根据上述"完整保护、抢救优先、收放有度、突出特色"的原则,将三山岛传统村落作为一个完整的自然和人文系统,进行全方位、多层次的研究论证,针对不同保护对象分别采取相应的保护、控制、更新和整治措施,并通过构建村政工程与环境设施,系统保障三山岛传统村落各项构成要素实现全面协调,促进文化遗产保护和经济社会发展。避免把历史传统村落当作孤立静止的器物加以保护,同时注重文物保护单位、历史建筑、形态、格局、风貌之间的有机联系。在完整保护的基础上实施抢救优先、重点保护整治和突出三山岛个性特征，将使保护发展有所突破和斩获。

5.4.3 法律法规和政策适用

依据全国人大常委会2007年10月28日修订通过的《中华人民共和国文物保护法》规定，受国家法律保护的文物分为可移动文物和不可移动文物两种。其中可移动文物分为珍贵文物和一般文物；不可移动文物按其存续状态分成两类：一类是各级（全国、省、市、县）文物保护单位和未核定为文物保护单位的不可移动文物，二类是由国务院核定公布的历史文化名城和由省、自治区、直辖市人民政府核定公布、并报国务院备案的历史文化街区、村镇。

对于不可移动文物的保护，应按照不同保护对象、保护内容及保护要求分别确定不同的保护目标和保护原则，采取不同的保护措施。

第一类，各级文物保护单位和未核定为文物保护单位的不可移动文物。

此类保护对象属于单一型，其核心是文物保护单位本体，保护内容及保护要求包括文物保护单位本体以及它的文物环境，必须划定文物保护范围和建设控制地带。

第二类，历史文化名城和历史文化街区、村镇。

此类保护对象属于复合型，含有多重保护要素，并形成保护体系。按照国务院2008年4月22日公布的《历史文化名城名镇名村保护条例》和建设部2005年7月15日发布实施的《历史文化名城保护规划规范》，历史文化名城保护体系由历史文化名城、历史文化街区与文物保护单位三个层次构成，保护的内容包括历史文化名城的格局和风貌；与历史文化密切相关的自然地貌、水系、风景名胜、古树名木；反映历史风貌的建筑群、街区、村镇；各级文物保护单位；民俗精华、传统工艺、传统文化等。历史文化街区以历史建筑为基本特征，保护内容包括历史建筑和文物古迹，以及改善民居生活环境和保持街区活力。

有鉴于此，三山岛传统村落保护主要由各级文物保护单位、桥头村传统街巷格局和空间形态、建筑特征、民俗民风、传统工艺、传统文化等部分构成。

本次规划研究将按照以上两类不可移动文物，分别提出保护要求与保护措施。在保护和控制范围上，凡是文物保护单位，一律划定文物保护单位的保护范围和建设控制地带；凡是法律法规没有明确要求划定保护范围和建设控制地带的历史传统村落，一律按照《历史文化名城名镇名村保护条例》和《历史文化名城保护规划规范》的规定，划定保护区和建设控制地带，并根据实际需要划定风貌协调区。对于三山岛传统村落，应当具体按照《住房和城乡建设部、文化部、国家文物局、财政部关于切实加强中国传统村落保护的指导意见》要求推进工作。

在保护要求上，对于文物保护单位和尚未核定为文物保护单位的文物，均应确保其真实性和完整性；对于具有较高历史、科学、艺术价值，规划认为应按文物保护单位保护方法进行保护的建筑物，比照文物保护单位的保护要求保护；对于有一定历史、科学、艺术价值的，反映三山岛传统村落历史风貌和地方特色的历史建筑，应保护其建筑结构、空间形态、装饰艺术、建筑风貌及其所承载的历史信息，允许对其建筑用途进行合理更新利用，采取保存外表、改造内部的保护方式，改善居住条件和使用条件。

在三山岛桥头村传统街巷格局的保护上，虽然部分主要街道在拓宽道路和房屋扩建时街巷宽度与尺度已经发生了不同程度的改变，但是街巷格局形式和走向基本没有改变，因此这部分街巷仍然需要完整保留和保护。

在三山岛传统村落整体风貌保护上，实行整体控制，以保护文物保护单位、历史传统街巷和历史传统建筑群的风貌为主，对文物保护单位、历史传统街巷和历史建筑群以外的其他地区，仍应考虑延续历史风貌的要求。

三山村在列入中国传统村落名录后，又相继入选中国历史文化名村。目前正在按照住房和城乡建设部关于《传统村落保护发展规划编制基本要求（试行）》、《住房和城乡建设部、文化部、国家文物局、财政部关于切实加强传统村落保护的指导意见》，委托北京瑞德瀚达城市建筑规划设计有限公司进行专题研究和规划编制。两项成果在上述政策具体指导下，进行了大量深入的调查研究和入户访问，在梳理诸多相关研究文献，多方征求意见的基础上，现已功告垂成。

5.5 三山岛传统村落保护发展战略目标和阶段

东山镇保护与发展战略的目标是：在保护东山镇自然生态环境和历史文化遗产与风貌的基础上，以发展旅游业为龙头，全面促进东山镇的发展，将东山镇建设成为生态环境优美、经济繁荣、社会和谐、交通便捷、生活舒适的江南旅游名镇。

《东山镇总体规划》（2006—2020）对城镇性质和特色的表述是"江苏省历史文化名镇，太湖风景名胜区的组成部分，是旅游性古镇。青山、秀水相融，古镇、古村齐备，自然、人文景观兼具。"

本次战略研究对三山岛传统村落保护发展设定的战略目标和东山镇总体规划确定的城镇形制并无矛盾。城镇性质是对城市主要职能的确定，而战略目标是对城镇未来发展前景的描述，是对城镇性质的进一步发掘、完善和延伸。需要说明，在东山镇总体规划编制时，区域经济协调发展初见端倪。如今随着区域经济强势协调发展和苏州旅游产业将逐步形成支柱产业，三山岛传统村落地处长三角城镇群附近，由于高速公路和高速铁路通车，大大拉近了与沪宁杭大都市圈的时空距离，互补功能将很快显现出来，应当抓住机遇，努力把三山岛传统村落打造成以上海、南京、杭州为客源地的文化旅游休闲所在。

实现这一战略目标需要经过若干年坚持不懈的努力。结合实施苏州市国民经济和社会发展规划以及城市总体规划，设定目标大体可分为两个阶段逐步达到。

5.5.1 战略目标释要

设定三山岛传统村落保护与发展战略目标，前提是对文化遗产资源的有效保护，以此为本，充分发挥遗产资源优势和传统村落效应，提升三山岛文化品位及村落地位，促进经济社会发展。

战略目标包含四个层面：

其一，村域资源整合。

对村域范围内文化遗产资源、空间资源（含水、土地、环境）的开发利用进行区划整合，统筹安排。坚持合理利用、可持续发展，根据村域资源分布、保护要求和生产建设需要，对水、土地、环境等空间资源明确划定禁止开发、控制开发、优先开发范围，采取相应管制措施；对文化遗产资源明确划定核心保护范围、建设控制地带和环境协调区域。通过资源整合，使有限的资源在三山岛传统村落保护与发展中物尽其用，各尽其职。

其二，空间结构优化。

在三山岛村落空间结构与用地布局的功能上进一步优化调整，改变现在用地混杂、功能不清的状况，分别突出居住区、景区的主要职能。居住区是三山岛传统村落的核心区，以传承三山岛传统村落的人居和生气为主。

其三，文化遗产保护。

增强文化遗产保护意识，推进法治建设，改革创新管理机制，对村域文化遗产实施强力管制，使三山岛传统村落具有突出意义和重要价值的文化遗产代代传承，永续利用。

其四，打造文化特色。

充分发挥三山岛文化遗产优势，着力打造文化品牌特色，围绕主题文化，加快发展旅游产业，提升三山岛旅游城市品位，面向国际国内市场，建成独具特色的长三角最佳旅游胜地之一。

5.5.2 分步实施阶段

根据"近实远虚,有序渐进"的分期原则,结合三山岛实际情况,本次规划实施分为近期和中远期。

近期规划:期限为3年,即2013~2015年。

主要是恢复桥头村古河道,梳理桥头村古村落的空间肌理,对保护区内的保护建筑进行加固修缮,对建设控制地带内的不协调建筑进行局部改正甚至拆迁,对风貌协调区内破坏景观风貌的建筑限期整改。对其他具有保护价值的建筑、古码头积极进行修缮保护和建设控制、风貌协调管理。

中远期规划:期限为14年,即2016~2030年。

结合村落发展,完善保护措施、提升物质环境、合理利用保护建筑与环境,积极发展旅游服务和文化交流,将保护与发展有机融合。

第 6 章
三山村传统村落保护与发展经验总结

我国传统村落的保护起步较晚，缺乏比较完善的理论体系和优秀案例的经验，当前主要是参考城市历史文化保护的方式和方法，致使现阶段传统村落的保护规划带有一定城市规划的影子，主要体现在保护方式和规划内容两方面。很多村落都会借鉴城市规划的方法和内容，但村落与城市在各方面差别较大，适用于城市的内容并不一定适用于乡村，不能用城市规划的内容来编排传统村落的保护与发展规划。

现阶段传统村落保护工作仍存在以下六点问题：

调研收资问题

为建立传统村落基本信息档案，收集规划相关基础资料，需要对村落实际情况进行现场调研并获取第一手资料，但在实际调研过程中发现各地方的村落现状发展不均衡，当地部门拥有的基础资料完整度参差不齐，导致传统村落的调研收资存在很大差异。知名度较大的、当地政府相对重视的村落在资料的完整度和详细度上相对较好，收资情况较理想，反之则不然，存在必需的基础资料欠缺的情况。如村落地形图不完整或者地形图内容缺失，地形图比例不合要求或缺少村域范围红线，相关的基础设施资料缺乏。在传统建筑的调研方面则存在建筑年代、权属关系不清、建筑基础资料缺乏等问题。

收资的差异对村落现状资源的分析和掌握存在盲区，规划时后续资料的补充不能及时反馈给规划工作者或出现补充资料内容不准确，与现场调研冲突等情况，影响后续工作的进度和质量，同时也导致了传统村落基本信息档案不完整。传统村落基本信息档案是每个村落的身份证明，档案填写的完整程度和真实程度对于传统村落具有重要意义，档案填写得越完整，基础资料越翔实，对下一步保护发展规划就越有利，越能发现村落自身的价值特色和保护重点。

保护发展规划的问题

我国传统村落的保护起步较晚，缺乏比较完善的理论体系和优秀案例的经验，当前主要是参考城市历史文化保护的方式和方法，致使现阶段传统村落的保护规划带有一定城市规划的影子，主要体现在保护方式和规划内容两方面。很多村落都会借鉴城市规划的方法和内容，但村落与城市在各方面差别较大，适用于城市的内容并不一定适用于乡村，不能用城市规划的内容来编排传统村落的保护与发展规划。

保护方式的问题

传统村落中的保护要素比较丰富，涵盖物质和非物质两方面。对物质要素，如对传统建筑、文保单位等主要采取的是博物馆式的静态保护，近似于城市中古迹的保护方式。这种方式忽略了保护要素与村落之间的关系，担心村民继续使用会对其造成破坏。但传统村落是有机体，应该有人的活动参与而不应是静止的形态，建筑也都是基于现状环境来建设的，不免会导致"保存性破坏"的发生，减弱了传统村落的乡土性和乡村自有的社会关系。这种乡土性和社会关系不是靠单独一栋建筑就能体现的，是一种群体关系，需要整体性的保护，是村落环境和建筑以及村民共同形成的，这种关系也是乡村传统文化的精髓所在。非物质文化的保护与传承是一个比较复杂和困难的问题，传统村落又是一个承载了大量非物质文化内容的地方，也是传统村落保护规划的重点。非物质文化主要体现在文化形式和文化空间两个方面。现阶段传统村落在这方面的内容比较单薄，显得分量不足，大多是将文化形式提取出来单个分析提出策略，文化线路被折断，没有可继承的人群和环境。加之村民的保护意识不强，不知道其价值的重要性，传统村落非物质文化的传承和发展陷入困境。因为这些文化形式和空间的存在是靠人去承载的，是代代相传的生活衍生而来的，需要深入的体验与接触才能了解，是一个比较缓慢的发展过程而并非是简单的提炼就可以的。所以村民对于村落的重要性不言而喻，没有人居住的村落只是一个遗产展示物而非真正意义上的传统村落。

规划内容制定的问题

规划内容不够"乡村"，引用了城市规划的内容，与村落实际联系不紧密，大多数内容缺乏实际的可操作性。如村落用地分类、抗震防灾和空间景观等在内容和形式上与城市规划相似。考虑到传统村落间的个体差异性，用地分类在某种程度上是不适用于村落的，城市规划中的现状用地分类是为后续的用地规划、功能分区等奠定基础。但在传统村落中有很多用地属性重叠或不明确，加上部分村庄基础资料不齐，用地的分类和数据的真实性有待考证，并且对于村落后续的土地规划是否具有现实意义还有待商榷。很多传统村落内部的村民已逐渐迁出，村落渐空缺乏人气，传统村落是要有人居住生活的村落，这样的"空心"村其实已名存实亡，因为身在其中的人无法感受到传统村落特有的农耕社会文化的特点。其次，在抗震防灾方面，许多村落没有详细资料和数据，而规划的编制要求上又有这方面内容的明确规定，因此规划做出的防灾、抗震体系内容也只是纸上谈兵，停留在表面图片意象的阶段，对于村落实际问题的解决帮助甚微。

法规文件颁布的问题

我国大规模的传统村落保护与发展工作是2012年才开始的，当时还没有相关的法规、条款出台，不能很好地约束和指导传统村落的保护与发展规划，大多还处在摸索阶段。现阶段的传统村落保护更新主要是参照《历史文化名镇名村的保护条例》来做的，针对性不够。传统村落不完全等同于历史文化名村，它包含的范围比历史文化名村更广；保护内容容易产生交叉和遗漏的现象；还有大部分是参考前人的相关案例、经验来做，造成大家思路、内容雷同，而村落的地点、环境、文化已不同，其中对传统村落保护范围、核心保护区范围的划定缺乏说明，比较主观，按村落的具体情况而定，这对规划工作者的素质和专业水平提出要求，也对村落情况的了解提出要求，给保护规划提出了难题，这些问题若不解决都会给传统村落今后的发展带来不利影响。

过程信息反馈的问题

传统村落是一定历史时间下形成的，具有时间性，发展是不可避免的，所以在传统村落的发展过程中应该定期进行跟踪和反馈。尤其在传统建筑改造更新方面，传统建筑是构成村落的重要因素之一，也是村落传统肌理的继承者，它的发展与更新也是村民、各界人士所关心的，在保护发展规划中给出了更新方向、比较具体的改造内容和更新模式，也编制了建筑控制导则去控制新建建筑的风貌、体量，维护村落肌理的完整性。但规划过后对建筑的改造过程监管并不到位，让规划内容和建筑导则在编制完成后便结束任务，后续的实施情况无人跟进，对于更新的建筑是否适应村民的生活，或者这样的做法是否对其他村落中传统建筑保护工作具有借鉴意义无人问津，这对后期村落的保护和发展是极其不利的，对于保护和发展的内容更无法真正得以落实。

综上，传统村落的保护与发展规划是一个刚刚开始的课题，问题在所难免，在实际操作过程中有些问题是可以得到尽快解决和改进的。

在调研收资方面，相关上级部门应该督促地方对基础资料的审查力度，不足的内容尽快弥补，补充有困难的应该及时提出，地方政府应积极协调处理；尤其是重点资料的完整度和准确性的落实，避免资料的漏洞影响下一步工作。

保护发展规划方面，规划编制内容应贴近村落实际生活和需要，尤其是不能套用城市规划大纲的编制内容，增加村落规划的可实施性内容，跳出传统村庄规划的误区，走传统村落自己的保护发展规划路线。"保护并不是维持现状，而是通过与当下的结合促发新的生命力"，将重点放在产业引导、人居环境和非物质文化上，注重村落人居环境的改善和非物质文化的传承，让村民对自己居住的地方更加热爱；增强归属感保证了原住村民的不外流，留住村落的人气，维持当地居民的生活状态。"传统首先是靠活着的人去承载，以生活方式相袭"，对村落内的各种元素进行活化利用，使村民愿意参与保护，形成一种良性循环，做到真正意义上的保护与发展相结合，强调民族文化传承的重要性。

法规方面，加快相关法规的建立，尽快做到有法可依，科学规划，毕竟传统村落不等同于历史文化名村，其内涵与外延皆小于它们，传统村落的核心在于人与村落的一体性，因此法规的制定可以有一个相对标准的要求和限制，但同时要考虑到村落存在的地域性而留有一定的特色条款。

最后，加强地方部门与规划编制单位的联系，尤其在具体的实施工作开始后，地方上应督促进行后期信息反馈给编制单位。通过此举可以完善前期内容的不足和解决实际实施时出现的问题，才能将理论与实际相结合，做出科学合理的保护与发展的村落范例，也为下一步传统村落的保护与发展规划做出好的模式，增强规划内容的可实施性。

附录1　三山岛传统建筑信息名录

目前三山岛保存由大量的明清古建筑，共有建筑群体33座，可以让人追忆起五百年来三山岛的历史踪影。其中桥头村的宓姓九思堂，为明代建筑，其偏柱楠木鼓凳，上有凤参牡丹官帽头，下有对角方砖渡方步，为三品官的住宅。桥头村清俭堂现有房屋54间，为典型的清代建筑，建于清戊戌春月榖旦（乾隆四十三年，1778年）。建造人黄发祥，号黄十万，其建筑风格、厅、堂、落地长窗雕花等，不亚于东山镇雕花楼。山东村的师俭堂，格式与清俭堂相似，但规模略小，建于清嘉庆辛酉春月榖旦（嘉庆六年，1801年），有大厅、书厅、楼、偏室等，目前建筑格局保存完好。另外，桥头村的薛氏念劬堂、许氏四宜堂、小姑村的吴氏荆茂堂等在格局上也都保存得较为完好。而位于东泊村的查氏故居内的雕花门楼保存得最为完好，其做工细腻，雕刻精美，具有极强的美感与欣赏价值。这些虽年久失修，风烛残年，但格局基本保存的明清古建筑群，反映了三山岛辉煌的历史，也为三山岛构筑起了独特的古建筑文化底蕴（附图1-1）。

师俭堂

建于清代嘉庆年间（1796~1820年），位于三山岛山东村。背山面湖，气势不凡。该堂规模较大，主体建筑可分南北二路，北路有花厅、附房，南路有门屋、祖屋、圆堂、楼厅。门屋面阔一间，进深三界。祖屋大小形式与门屋相同。圆堂面阔三间，进深九檩，为内四界前重轩做法。楼厅面阔三间带两厢。内四界前廊形式。花厅面阔三间，进深九檩，内四界前轩后双步形式，其前后分别有小花园。花厅后有附房三间，圆作穿斗式，较简朴。宅院南尚有老屋四间两厢。该堂的存在为研究这一地区清代的群体建筑提供了优秀的实例。2009年7月公布为第六批苏州市文物保护单位（附图1-2、附图1-3）。

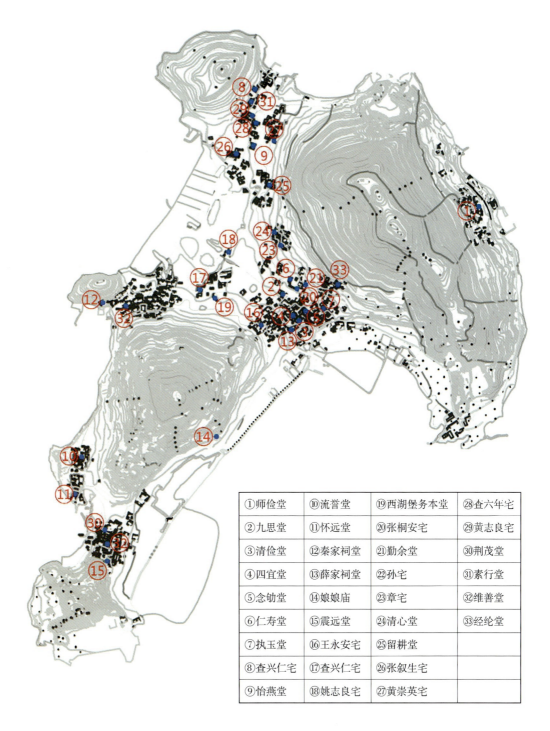

附图1-1　三山岛传统建筑分布图

附图1-2　师俭堂牌匾
附图1-3　师俭堂正门
附图1-4　九思堂正门

九思堂

建于明代天顺年间（1457~1464年），位于东山镇三山岛桥头村28号，建筑面积446平方米。现该堂有大厅、住楼，大厅二坡硬山造，面阔五间，进深七檩，为内四界前廊形式，明间后设穿堂住楼面阔五间带两厢楼，东厢楼早年已毁。二楼构架为内四蜀前轩后双步做法。从该堂的梁架特点及装折花纹形制上判断不属明代建筑。该堂的存在为研究这一地区的明代民居提供了珍贵的实物资料（附图1-4）。

清俭堂

位于三山岛桥头村,建于清乾隆年间,为岛上黄氏祖传宅第,建筑面积1048平方米。整座房屋坐北朝南,大门朝西,门屋有六扇头大门。其门西向,门屋有六扇头大门。其门西向,据说缘于风水之故。大墙进门为天井,对面与门屋相对称的房屋为家堂间,摆放黄家列代祖宗的排位。过天井即为大厅,面阔三间,前廊后轩,过厅堂穿过第二座砖雕石库门,进入前住楼,花厅左侧是三间附房,平房左边为花园,花厅后面为一排七间厨房,其后有两幢七楼七底的楼房,保存较为完好,是一处清乾隆四十三年的群体民居建筑(附图1-5~附图1-7)。

附图1-5　清俭堂封火墙

附图1-6　清俭堂天井

附图1-7　清俭堂正门

四宜堂

西路有前后住楼，东路有圆堂及后住楼。圆堂面阔三间，进深六界，明间后设穿堂。圆堂后面的后住楼面阔三间带两厢。西路前住楼面阔三间，圆作抬梁式。后住楼面阔两间，进深五界，内四界为前廊形式（附图1-8～附图1-10）。

附图1-8　四宜堂正门
附图1-9　四宜堂内部结构
附图1-10　四宜堂外墙

念劬堂

该堂现有圆堂、后住屋、东住屋三幢单体建筑。圆堂面阔三间，为内四界前轩后廊形式。后住屋面阔三间带两厢，内四界前廊形式。东住屋面阔五间，进深六界，圆作穿斗式，用料较小（附图1-11、附图1-12）。

仁寿堂

该堂现有门屋、门厅、圆堂三幢单体建筑。门屋面阔一间，进深四界，门第东向，将军门做法。门厅面阔三间，进深七檩，内四界前廊形式。圆堂面阔三间带两厢，圆作抬梁式。从构架特征看，门屋、门厅为明代建筑，圆堂为民国建筑（附图1-13～附图1-15）。

附图1-11　念劬堂内部结构
附图1-12　念劬堂外墙
附图1-13　仁寿堂正门
附图1-14　仁寿堂外墙
附图1-15　仁寿堂内部结构

执玉堂

该堂现有门厅、大厅二幢单体建筑。门厅面阔三间，进深七檩，内四界前廊形式。大厅面阔五间，进深六界，内四界前廊形式。内四界大梁扁作，抬梁式，边贴穿斗式。从构架看为清早期建筑，该堂的存在为研究当地的早清民居提供了优秀的实例（附图1-16、附图1-17）。

查兴仁宅

现有门屋、住楼前后两进。门屋面阔三间,进深六界,圆作穿斗式。用料较小,为清末重建。住楼面阔三间带两厢。底楼副檐做法。二楼构架为内四界前廊形式。住楼前砖雕墙门字牌内所镌"乾隆三十八年癸巳季春立"字铭是其建筑的绝对年代(附图1-18~附图1-20)。

附图1-16　执玉堂内部机构

附图1-17　执玉堂外墙

附图1-18　查兴仁宅外墙

附图1-19　查兴仁宅正门

附图1-20　查兴仁宅正门

怡燕堂

该堂现有住屋、南北边屋各一幢。住屋面阔三间带两厢，圆作穿斗式。北边屋面阔五间，进深六界，圆作抬梁式，边贴穿斗式，屋面冷摊瓦。南边屋面阔三间，进深三界。南北边屋之间为花园，院内植以桂花、含笑、枇杷、翠竹。住屋明间前墙门字牌内所镌"光绪戊戌月榖旦"是其建造的绝对年代（附图1-21、附图1-22）。

附图1-21　怡燕堂门厅
附图1-22　怡燕堂匾额

流誉堂

该堂现有门屋、住楼及边楼三幢单体建筑。门屋面阔三间,进深六界。住楼面阔三间带两厢,二楼构架为内四界前郭形式,内四界大梁扁作抬梁式,边贴穿斗式。边楼面阔六间,进深四界。从构架形式特点看,为清代早期建筑(附图1-23、附图1-24)。

附图1-23 流誉堂正门
附图1-24 流誉堂匾额

怀远堂

位于三山岛小姑村秦家浜西侧。该堂现仅存住楼一桩。住楼二坡硬山造，面阔三间，进深六界。构架为内四界前廊形式，内四界圆作抬梁式，边贴穿斗式（附图1-25～附图1-27）。

附图1-25　怀远堂正门
附图1-26　怀远堂内部结构
附图1-27　怀远堂柱石
附图1-28　秦家祠堂正门
附图1-29　秦家祠堂内部结构

秦家祠堂

据保存在祠内的《三山秦氏宗祠记》碑载，其祠由秦浩养公后裔建于清道光十二年十一月（1832年），距今也有一百多年历史。现改建为三山文物馆，并对游人开放。秦家祠堂临湖朝南而建，与西山石公遥遥相望。殿屋三间，旁有附房九间，分别为客厅和厨房。大厅前廊后轩，前有厢房、天井、砖雕门楼，为清代中期建筑风格。厅堂上方挂"永范兰台"匾额，是为纪念先祖秦观而题（附图1-28、附图1-29）。

薛家祠堂

位于三山岛桥头村,建筑面积240平方米。原是岛上薛姓家祠。该祠现有门屋、大厅前后二进。门屋二坡硬山造,山墙顶部施观音兜。面阔三间,进深六界。内四界前廊形式。内四界圆作抬梁式,边贴穿斗式。大厅二坡硬山造,顶设观音兜。面阔三间,进深九檩。内四界前廊后轩形式。内四界圆作抬梁式,边贴穿斗式,为清代建筑(附图1-30~附图1-32)。

附图1-30 薛家祠堂正门

附图1-31 薛家祠堂外墙

附图1-32 薛家祠堂内部细节

娘娘庙（太姥行宫、吴妃祠）

《震泽编》寺观庵庙载：吴妃庙在三山。其庙始建于唐朝。明嘉靖三年（1525年）重建，由岛上善男信女随缘乐助，改为石柱建筑。吴妃祠在三山岛又被称为西施庙，原于清张大纯《百城烟水》诗云："三山岚影泛波光，石屋烟鬟韶女装，莫是西施仙后去，芳魂犹在水云间。"《吴县志》亦载："昔（春秋时）有吴妃姐妹三人 各居一峰，殊有灵异，山人立祠祀之。"历史上三山吴妃祠屡建屡毁，多次重建。"文革"中古庙被全毁，2003年三山村再次重建了吴妃祠，使之成为三山岛上一大景观。离吴妃祠不远处有蠡墅山与水葬台（又称梳妆台），民间传说蠡墅山为春秋时范蠡和西施隐居处。水葬台又名孤亭与琴台，为水葬胜玉公主之墓，也许是传说太悲凉了，后人把水葬台改成了梳妆台。其坟占地约一亩，均为青石条所筑，每块青石条长一点六米，宽厚各五十厘米，由东朝西平行铺设，水葬台上还有两株巨柳，水鸟栖息，归舟停泊，颇含诗意（附图1-33、附图1-34）。

附图1-33　娘娘庙正门

附图1-34　娘娘庙内部彩塑

震远堂

震远堂,在江苏省苏州市吴中区东山镇三山岛三山村小姑村33号。该堂原规模较大,现有楼厅、东西楼及附房。楼厅面阔三间带两厢,底楼副檐做法。二楼构架圆作穿斗式,内四界后双步形式。东楼面阔五间带一厢,二楼构架为内四界前廊形式。西楼面阔二间,进深六界。东侧附房面阔六间,进深六界。该堂从构架看属清代建筑,该堂的存在为研究当地的清代民居提供了优秀的实例(附图1-35、附图1-36)。

附图1-35 震远堂外墙
附图1-36 震远堂砖雕墙门

王永安宅

王永安宅，江苏省苏州市吴中区东山镇三山岛三山村桥头村15号。该宅现有住屋一栋，住屋二坡硬山造。面阔三间，进深六界。为内四界前廊形式。内四界圆作抬梁式。边贴穿斗式。屋面为冷摊瓦。从其构架看为清代建筑（附图1-37、附图1-38）。

附图1-37　王永安宅屋前立面
附图1-38　王永安宅住屋梁架

附录2 苏州市东山镇三山历史文化名村（保护）规划（2014—2020）

第一章 总则

第1条 编制目的

为加强苏州市东山镇三山历史文化名村的保护，明确保护对象与保护措施，正确处理历史文化名村保护与村庄发展的关系，特编制本规划。

第2条 规划目标

1. 充分发掘三山村的历史价值与文化特质，加强历史文化遗产的保护、整治、修复力度；

2. 传承江南特色的湖光山色大格局、湖岛田园聚落形态、传统建筑风格、景观风貌要素及其承载的农耕文明；

3. 立足生态人文资源优势，适度发展休闲与文化旅游，实现经济转型，促进三山村历史人文资源保护与经济社会协调发展，并举兼得。

第3条 规划原则

1. 整体风貌与生态环境的完整性原则；

2. 物质文化遗存及其相关环境的真实性原则；

3. 尊重传统与活态传承的互动性原则；

4. 保护优先与经济发展的可持续性原则；

5. 以人为本原则，注重村庄环境改善，提升村民生活质量和文化品位。

第4条 规划依据

《中华人民共和国城乡规划法》（2007.10）

《中华人民共和国文物保护法》（2007.12）

《中华人民共和国非物质遗产保护法》（2011.2）

《中华人民共和国文物保护法实施条例》（2003）

《历史文化名城名镇名村保护条例》（2008.4）

《太湖流域管理条例》（2011.8）

《江苏省历史文化名城名镇保护条例》（2010.9）

《苏州市古建筑保护条例》（2002.9）

《江苏省村庄规划导则》（2008）

《苏州市历史文化名城名镇保护办法》（2003.3）

《苏州市古村落保护条例》（2014）

《历史文化名城名镇名村保护规划编制要求（试行）》（2012.11）

《江苏省历史文化名村（保护）规划编制导则》（2014.7）

《太湖风景名胜区总体规划（2010—2030）》

《苏州市吴中区土地利用总体规划（2006—2020）》

《苏州市东山镇总体规划（2006—2020）》

第5条　规划范围

三山村本岛陆地范围，不包括岛屿周边湖面、湿地，总面积1.9平方千米。

第6条　规划期限

2014～2020年，远景展望2030年。

第7条　规划深度

深度与村庄规划相一致，其中保护范围的规划深度要求能够指导保护与建设。

第8条　强制性内容

文本条文中加下划线内容均为强制性条文，所有强制性条文必须严格执行。

第二章　村庄保护与发展目标

第9条　功能定位

以姑苏吴文化为根基、明清古建筑为依托，具有鲜明历史文脉特征和集自然人文生态景观、传统民居、商厮老街、驳岸码头、田园起居耕作于一体的千年湖岛古村落。

第10条　人口规模

规划期末总人口约1800人，其中常住人口829人，旅游度假人口729人，旅游服务人口243人。旅游高峰期控制上岛人口规模为2600人。

第11条　用地规模

规划建设用地规模53公顷。

第12条　价值特色

1. 重要历史价值——我国太湖流域考古发现史前文明最早的实物佐证；长江下游吴文化肇始源流之一；古代太湖水域运河咽喉要冲和现存水上驿站孤例。

2. 地域文化特色——江南水乡独特湖岛乡村聚落和田园风光；北宋时期发生在中国造园史上重大事件的见证地；明清时期以苏州香山帮建筑为主体，兼容徽派建筑风格的营造实例；以太湖岛民农商文化为特征的民俗风情、手工技艺和口耳相传的非物质文化遗产。

3. 自然美学价值——拥有健康宜人，休闲养生和舒适优美的自然生态环境，极富景观审美品位和独特水韵风姿的乡村聚落；孤悬太湖烟波上的世外桃源，历代享有盛誉的江南小蓬莱。

第13条　保护目标

1. 保护三山村的山体水系、整体风貌与传统格局，保护具有历史性的环境要素与重要节点，最大限度地保护物质文化遗存的真实性和完整性。

2. 以桥头村为核心，保护湖岛聚落传统格局与街巷肌理，重点保护有历史文化价值的明清民居、闾井老街、宗祠、庙宇、古桥、古井、古石碑、古树名木、古河道、古码头等，保护其历史遗存的真实性和完整性，并通过适用性利用促进古村落活态传承和永续发展。

3. 保护非物质文化遗产的传承场所、传承线路、传承方式。

第14条　保护策略

1. 整体保护策略：保护三山村的"三山两谷"、"湖岛码头"等历史空间格局，以及桥头村驿站码头遗址、明清商肆老街和原生态居住的传统风貌，保护村庄依存的自然环境和景观。

2. 重点保护策略：保护建筑遗存的真实性，包括三山村各级文物保护单位、传统风貌建筑、祠堂和民居建筑等。

3. 保护与发展策略：适当发展休闲养生度假旅游和文化遗产旅游，鼓励发展特色文化展示和体验湖岛田园生活，合理引导商业开发和旅游活动。

4. 保护与改善策略：以历史文化名村保护整治为契机，在符合历史文化保护要求的前提下，改善村庄人居环境和村民生活质量。

第三章　历史文化保护规划

第15条　保护层次

建立规划范围、保护范围、历史文化遗存的三级保护层次。

第16条　保护对象

1. 规划范围：山体、水系、植被、农田、村庄整体生态环境和人文景观、湖岛码头聚落形态特征和田园乡村风貌。

2. 保护范围：顺济桥为中心的丁字形历史街巷，先奇桥到顺济桥商厮老街与顺济桥至观音堂的幽深古巷为主体的整体明清闾井街巷格局。

3. 历史文化遗存：各级文物保护单位（包括第三次文物普查点、不可移动文物）、传统建筑和历史环境要素（包括驳岸码头、古井、古桥、古石碑、古寺庙、古树名木等）。

4. 非物质文化遗产：已列入非物质文化遗产名录的项目和传统节日、手工艺和风俗类型、源于本地的诗词、传说、戏曲、歌赋等，以及传承场所、线路和方式。

第17条　生态环境和人文景观保护对象名录与保护要求

1. 保护对象名录如附表2-1所示。

生态环境和人文景观保护对象名录　　　　　　　　　　附表2-1

类别		名称	位置	主要内容与特色
整体格局		地形地貌	三山村本岛	三山两谷
自然人文景观类	1	十二生肖石	小古村西部太湖湖滨	太湖花石
	2	牛背石	小姑山东部湖滨	太湖花石
	3	白猫石	小姑山南部山体	太湖花石
	4	"四世同堂"石	行山顶下西南侧	太湖花石
	5	板壁峰	行山南侧	太湖核心景源，北宋采石场遗址
	6	一线天	行山东侧	山景
	7	狮身人面像	行山东侧	石景
	8	金鸡石	北山北侧湖滨	太湖花石
	9	女娲补天石	北山北侧湖滨	太湖花石
	10	断山残壁	西湖小山湖滨	太湖花石

2. 保护要求

（1）保护生态人文景观环境

1）保护地形地貌

尊重和保护原生态的地形地貌，保持村落、山体、河道等自然地理要素在空间结构形态上形成的"三山两谷"格局关系。所有建设活动不得破坏原有地形地貌，严禁开山、采石和利用山体进行造地、修路等活动。

2）保护石景、山景与历史人文景观

保护山景、石景、历史人文景观及其周边环境，实施整体保护，不得改变生态人文景观原状。禁止任何形式的与休闲养生度假旅游、传统文化展示、体验湖岛田园生活无关的开发和建设活动。

（2）保护传统格局与整体风貌

1）保护村落选址与建筑布局的基本格局

保护古村落聚族而居、逐码头而居和依山临水而建村舍的传统空间聚落形态及建筑空间机理。禁止拆真建假，成片改造；限制其他地区的开发建设。

2）保护河湖水系和生态湿地

严格实施《太湖流域管理条例》，加强环境保护和湖岛周边太湖水域保护。禁止任何可能导致太湖水体污染的建设行为和建设活动。妥善处理村民生活和旅游发展的垃圾。切实保护自然生态湿地，适度发展旅游。

第18条　历史文化遗存保护对象名录与保护要求

1. 文物保护单位

（1）江苏省级文物保护单位一处，苏州市级文物保护单位两处（附表2-2）。

各级文物保护单位名录　　　　　　　　　　　　　　　　　　　附表2-2

序号	名称	级别	年代	坐落地址	占地（建筑）面积（平方米）
1	旧石器遗址及哺乳动物化石	江苏省级	旧石器时代晚期	东泊小山清峰岭	700
2	师俭堂	苏州市级	清代	山东村湖滨	1048
3	留耕堂	苏州市级	明清	东泊村30号、31号、35号	372

（2）各级文物保护单位根据《中华人民共和国文物保护法》、《中华人民共和国文物保护条例》，以及江苏省和苏州市地方性法规、规章实施严格保护。

2. 建筑遗产

（1）结合第三次文物普查，本规划建议确定的具有地方特色、保存较好的传统风貌建筑共计30处（附表2-3），保护范围为建筑遗产本体及院落围墙外一定安全距离。安全距离视建筑遗产及其环境具体状况合理划定。

建筑遗产名录　　　　　　　　　　　　　　　　　　　附表2-3

序号	名称	地址	建筑结构	建筑年代	建筑层数	建筑质量	建筑功能	建筑面积（平方米）
1	查六年宅	东泊村	穿斗-抬梁式-砖木	明代	一层	一般	居住	149
2	查兴仁宅	东泊村2号	穿斗-抬梁式-砖木	清乾隆	二层	较差	居住	184
3	程宅	桥头村1号	穿斗-抬梁式-砖木	明代	二层	一般	居住	301
4	怀远堂	小姑村	穿斗-抬梁式-砖木	清代	一层	一般	居住	155
5	黄崇英宅	东泊村16号	穿斗-抬梁式-砖木	清代	一层	一般	居住	333
6	黄治良宅	东泊村6号	穿斗-抬梁式-砖木	明末清初	一层	一般	居住	160
7	节善堂	东泊村38号	穿斗-抬梁式-砖木	明代	一层	较差	居住	239
8	经纶堂	下横村25号	穿斗-抬梁式-砖木	清初	二层	一般	居住	328
9	荆茂堂	小姑村16号	穿斗-抬梁式-砖木	清道光	二层	一般	居住	1227
10	九思堂	桥头村29号	穿斗-抬梁式-砖木	明代天顺年间	一层	一般	居住	446
11	流誉堂	东小姑村4号	穿斗-抬梁式-砖木	清代	二层	一般	居住	570
12	念劬堂	桥头村21号	穿斗-抬梁式-砖木	清代	一层	一般	居住	266
13	勤余堂	桥头村15号	穿斗-抬梁式-砖木	明代	二层	一般	居住	83

续表

序号	名称	地址	建筑结构	建筑年代	建筑层数	建筑质量	建筑功能	建筑面积（平方米）
14	清俭堂	下横村5、6、7、8、9号	抬梁式边贴穿斗式-砖木	清乾隆	二层	一般	居住	1048
15	四宜堂	桥头村22号	穿斗-抬梁式-砖木	晚清民国	二层	一般	居住	473
16	素行堂	东泊村4号	穿斗-抬梁式-砖木	清代	二层	一般	居住	492
17	孙宅	小姑村28、29号	穿斗-抬梁式-砖木	清代	一层	一般	居住	212
18	王永安宅	桥头村15号	穿斗-抬梁式-砖木	清代	一层	一般	居住	74
19	秦家祠堂	西湖堡	穿斗-抬梁式-砖木	清代	一层	较好	居住	134
20	维善堂	西湖堡47号	穿斗-抬梁式-砖木	明末清初	二层	较好	居住	340
21	务本堂	西湖堡3、4号	穿斗-抬梁式-砖木	清代	一层	较差	居住	132
22	下横仁寿堂	下横村32号	穿斗-抬梁式-砖木	民国	一层	较差	居住	191
23	薛家祠堂	桥头村	穿斗-抬梁式-砖木	清代	一层	一般	居住	240
24	姚志良宅	桥头村	穿斗-抬梁式-砖木	清代	一层	一般	居住	228
25	怡燕堂	东泊村20号	穿斗-抬梁式-砖木	清光绪	一层	较好	居住	240
26	张桐安宅	桥头村16号	穿斗-抬梁式-砖木	明代	二层	一般	居住	110
27	张叙生宅	东泊村21号	穿斗-抬梁式-砖木	明末清初	一层	一般	居住	255
28	章宅	东泊村43号	穿斗-抬梁式-砖木	明代	二层	一般	居住	326
29	震远堂	小姑村33号	穿斗-抬梁式-砖木	清代	一层	较差	居住	848
30	执玉堂	下横村16、17号	穿斗-抬梁式-砖木	清代	二层	一般	居住	184

（2）保护要求

1）按照"修旧如旧"的原则对建筑遗产进行维修、改善，并保持原有的建筑体量和一层、二层建筑高度；建筑外观风貌为双坡屋面、硬山屋顶、砖细门楼、木板门及砖框花窗，展现湖岛传统建筑粉墙黛瓦的色彩基调。

2）按照本规划要求进行维护、修缮，不得随意改建、拆除。

3）对部分受损建筑的修复，宜采用与原营造技术一致的传统材料、传统工艺，按照原状恢复旧貌。

4）在不改变原建筑的形制、体量、高度、结构、外观、色彩、装饰等前提下，可对建筑内部配置必要生活设施和防灾设施。在不背离原建筑形制、功能和文化内涵的前提下，提倡合理更新利用，赋予适应现代生活需要的新用途，为提升生活质量和提供休闲文化旅游服务。

3. 历史环境要素

（1）结合第三次文物普查，本规划确定的具有地方特色、保存较好的历史环境要素共计35处（附表2-4），保护范围为要素本体及周边环境。

历史环境要素保护对象名录

附表2-4

序号	类别	名称	地址	年代	保存状况
1		查氏义井	东泊村乐善堂东	清代	较好
2		陆家井	陆家潭东南	明清	较好
3		马家井	西湖堡2号南侧	明清	较好
4		桥头村秦家井	桥头村勤余堂东	明清	较好
5		桥头井	桥头村顺济桥北20米处	明清	较好
6		秦家浜井	秦家浜西南处	明代	较好
7		三峰寺古井	三峰寺遗址前	明代	较好
8		山东村古井	山东村师俭堂后	明清	较好
9		申明井	执玉堂西边靠墙处	明清	较好
10	古井	沈家井	桥头村20号南侧	明清	较好
11		施家义井	东泊村22号西侧	明清	较好
12		顺济桥	桥头村	明代	较好
13		西湖堡14号北秦家井	西湖堡14号北侧	明清	较好
14		西湖堡秦宅东秦宅井	西湖堡秦敬慈宅东侧	明清	较好
15		新井	东泊村19号西侧路边	明清	较好
16		兴复庵古井	东泊村码头西南侧	清代	较差
17		张家井	张家潭东南	明代	较好
18		章家井	东泊50号南侧	明清	
19		中峰寺古井	娘娘庙前	明代	较好
20	古桥	李家桥	西湖堡与东泊交界处	明代	较好
21		顺济桥	桥头村	明代	较好
22		东泊浜湖湾驳岸	北端太湖岸边	明清	较好
23		桥头浜湖湾驳岸	北端太湖岸边	明清	较好
24	古码头	秦家浜湖湾驳岸	小姑山北麓太湖边	明清	较好
25		西湖浜湖湾驳岸	西湖堡村太湖边	明清	较好
26		小姑浜湖湾驳岸	小姑村湖边	明清	较好
27		许家浜湖湾驳岸	许家浜湖边	明清	较差
28	古石碑	三山《秦氏宗祠记》碑	秦家祠堂	不详	良好
29	古寺庙	娘娘庙	小姑村与桥头村的交界处	明代	较好
30		黄杨	清俭堂内	清	良好
31		桂花树	清俭堂内	不详	良好
32	古树名木	香樟	桥头好运度假屋旁	不详	良好
33		银杏	桥头好运度假屋旁	不详	良好
34		榆树	西湖小山	不详	良好
35		枣树	全岛布局，集中分布于桥头村西中心路两侧	明清	良好

（2）保护要求

1）驳岸码头

采用与原驳岸码头建筑技术一致的传统材料和传统工艺，按照原规模、原形制加以维修整治和修复，展现渔猎文明的古朴风貌。

2）古井、古桥、古石碑

古井保护应进行登记入册，明确保护责任人，并设立醒目的标志牌。提倡合理利用古井，严禁填埋、破坏。

古桥应保持原状，体现出传统风貌，不得随意拆迁或拆除。古桥修缮宜保持拱桥形制，使用本地石材或木材等材料。

古石碑保护应进行登记造册，文字记载整理，碑文应留有拓片。

3）古树名木

对村内20年以上树龄的树木一律禁止砍伐，50年以上树龄的古树一律挂牌保护，并进行文字说明。对重要的古树名木设立护栏，禁止攀爬和折枝，严禁砍伐，并随时监控病虫害。建立管养责任制和监督机制，一旦有虫害及时治疗和处理。对有条件结合周边环境要素形成传统景观的古树名木，应通过规划设计体现空间特色。

第19条 划定保护范围

将桥头村文物保护单位和传统风貌建筑集中成片的地区，以及与其相互依存的古河道用地和景观环境划定为保护范围。具体范围东至先奇桥、薛家祠堂院落东、执玉堂院落东，西至仁寿堂院落和九思堂院落西，南至荷花江南岸，北至经纶堂院落、勤余堂院落、张桐安宅院落以北，面积3.48公顷。

第20条 保护范围的保护要求

（1）保护范围内应严格保护传统格局、历史街巷、历史风貌以及各类建筑遗存与历史环境要素，不得进行任何破坏或影响以上保护要素的活动。

（2）除新建、扩建必要的基础设施和公共服务设施外，不得进行新建、扩建活动。

（3）建筑遗存实施分类分级保护，参照历史文化遗存保护的要求。

（4）历史街巷保护与整治

保护桥头村丁字形历史街巷肌理，重点整治先奇桥-顺济桥沿线的商肆老街，以及顺济桥-观音堂沿线的居住街巷，禁止在巷内破墙开店，或改变墙面材料和传统门窗形式。

保持原有街巷的走向、肌理、尺度，完善桥头村深宅古巷建筑立面的连续性，以及村落植被为主的绿化形式。对于先奇桥-顺济桥、顺济桥-观音堂沿线，以及荷花江北侧街巷的空间肌理和建筑立面局部受到破坏或者不协调的地段，采取修复措施，按照原状恢复其连续性和完整性。

除严格保护整治的历史街巷外，其他街巷应以交通梳理和建筑风貌整治为主，保持现状空间尺度关系，并服从整体风貌保护。为满足现代生活和交通需求，新辟街巷应延续原有街巷肌理和格局。

（5）道路交通

保护范围内以步行交通为主，合理组织道路交通，保持原有道路断面形式与尺寸，路面铺装采用青石板、青砖材质或卵石，严禁采用混凝土道路。

（6）历史环境要素应分类进行合理有效的保护，并注意保护与其相关的周边环境，保持风貌的协调性。清理池塘内及周边的垃圾杂物，并采取截污措施，保护和改善水质。加强对荷花江支流的生态环境修复，营造良好的水岸空间。

（7）外部装饰和其他设施

保护范围内建筑物、构筑物、街巷两侧的外部装饰和生活设施，以及商肆牌匾和幌子等均应与传统风貌相协调，不得设立大型户外广告和灯箱广告。

（8）不协调建筑

按照保护规划严格控制建设活动，不得继续建设破坏传统风貌的不协调建筑物和构筑物。对现已建成的不协调建筑实施分类整治，创造条件分阶段加以建筑外观风貌整饬，对建筑体量和高度不符合保护规划要求的，视具体情况进行降层或拆除处理（附表2-5）。

历史街巷保护名录 附表2-5

序号	名称	交通组织形式	保护要求		
			材质	界面	空间尺度
1	先奇桥-顺济桥古街巷	步行	保持现状青石板、青砖路面	商业界面	保持原宽2~3米，街巷宽度与两侧建筑的高度比值尺度W/H宜控制在0.25~1.0
2	顺济桥-观音堂古街巷	步行	保持现状青石板、青砖路面	居住界面	保持原宽1~2米，街巷宽度与两侧建筑的高度比值尺度W/H宜控制在0.25~1.0

第21条 传统格局和历史风貌保护

1. 高度控制

保护范围内的建筑高度以一层、二层为主，严格控制三层。一层檐口高度不超过3.0米，二层檐口高度不超过5.8米，屋脊限高为8米，采用坡屋顶。

保护范围外的建筑高度，新建建筑不得超过三层。

2. 界面控制

界面的保护内容主要为保护范围内院墙界面、建筑界面与临街界面。

严格控制历史街巷两侧建筑修建，新建、改建建筑的形式、布局、体量和色彩必须与周围环境、历史地段的景观风貌相协调，对新增绿地广场、步行街巷等公共空间应保持传统界面的连续性。

建设单位应当按照批准的界面保护方案进行拆建，不得损坏保护界面。保护界面上牌匾所占面积、色彩、材料及形式应当与传统风貌建筑相协调，其设置要求和审批程序，参照有关部门规定执行。

3. 公共空间保护与整治

整体保护村落传统空间格局和形态，重点对先奇桥（河道节点）、薛家祠堂（河道节点）和观音堂（古街节点）进行精心设计与整治，强化古朴厚重的历史氛围，对滨河建筑立面进行适当修缮，提升公共空间的视觉品质。

4．建筑风貌控制

（1）保护区内

保持原有的一、二层建筑高度、体量、双坡屋面硬山顶外观形象及粉墙黛瓦的色彩等，采用原材料、原工艺修缮，逐步整治不协调建筑，务必使得整体风貌协调统一。

（2）保护区外

建筑在高度、体量、外观、色彩等方面尽可能与传统风貌保持协调一致，重点在门、窗、墙体、屋顶等形式和颜色、材质等方面，应沿用苏州传统香山帮建筑风貌样式，避免采用其他非传统建筑样式或采用艳丽色彩进行建筑外装饰。在三山村禁止模仿欧陆风格建造各种民居建筑和公共建筑。

第22条　建筑保护分类与整治

1．建筑保护分类

建筑分为各级文物保护单位（含三普文物点和不可移动文物）和其余建筑。按照风貌和质量可将其余建筑进行分类整治，如附表2-6所示。

建筑分类保护与整治模式　　　　　　　　　　　　　　　　　　　　　　　　　　　附表2-6

现状建筑分类	分类说明	整治模式
风貌协调，建筑质量好	保持外观风貌特征，特别是保护具有历史文化价值的细部构件或装饰物，其内部允许进行改善和更新，以改善居住、使用条件	改善
风貌不协调，建筑质量好	需要采取改变立面材料、色彩、装饰等非结构性的整治措施，或采取降层、局部拆除等结构性改造措施，使其与传统风貌相协调	整治
建筑质量差	无保留价值和无法修复的，可以拆除	拆除

2．建筑整治

建筑整治分为保护、改善、整治、拆除四类（附表2-7）。

建筑保护与整治统计表　　　　　　　　　　　　　　　　　　　　　　　　　　　　附表2-7

序号	名称	占地面积（平方米）	比例（%）
1	保护类建筑	4486	13.3
2	改善类建筑	8364	24.7
3	整治类建筑	19510	57.7
4	拆除类建筑	1455	4.3
合计		33815	100

桥头村规划建设用地范围内各院落编号及针对各建筑采取的保护整治措施，详见说明书附录部分的导引内容。

第23条　非物质文化遗产保护与利用措施

1. 非物质文化遗产保护名录

省级非物质文化遗产一项，未定级四项（附表2-8）。

非物质文化遗产名录　　　　　　　　　　　　　　　　　　　　附表2-8

序号	名称	级别	性质	保护内容
1	碧螺春制作技艺	江苏省级	手工艺	传承与创新
2	刺绣	未定级	手工艺	传承与创新
3	砖雕	未定级	手工艺	传承与创新
4	传统节日	未定级	民俗	传承
5	古诗	未定级	民间文学	传承

2. 非物质文化遗产保护利用措施

（1）开展普查，收集整理资料，建立完整的资料数据库；

（2）逐步建立起完善的国家级和省、市、县级非物质文化遗产名录体系；

（3）做好遗产的评估鉴定工作，认定和命名非物质文化遗产的杰出传承人；

（4）制定和落实相关政策，加强对非物质文化遗产开发利用的管理；

（5）保护文化生态环境，建设文化生态保护区；

（6）建立非物质文化遗产的知识产权制度；

（7）非物质文化遗产保护中增强文化安全意识。

第24条　遗产利用与展示方法

（1）利用与展示核心主题：自然生态和历史文化。

（2）利用展示模式：观瞻方式、实用方式（含延续原功能、贴近原功能、更新原功能）和体验方式、纪念方式等。

（3）自然景观的利用展示

"三山十二景"即：姑山观日、古穴觅踪、宋花石纲、板壁奇峰、湖岛湿地、蓬莱寻梦、三山船屋、明清闾井、驿站老街、田园归隐、故渊清流、秋菊银杏。与十二景相对应的游客自助活动还将包括田园采摘、听琴煮茗、舟楫垂钓、环岛泛舟、徒手攀岩、露宿野营、墟里客栈、农家餐吧、养生讲座、文化论坛、猛将庙会、昆曲评弹和今世艺苑等。

（4）建筑遗产的利用展示

一是展示其历史价值和文化艺术特色，二是传承弘扬苏州香山帮营造技术，三是为文化休闲旅游营造高品位的感悟憩息之所。清俭堂建筑类型多，空间组合变化形式丰富，可辟为具有浓郁江南香山帮建筑风格的名园深宅。师俭堂可恢复潘氏家族大宅院的历史风貌，展示吴中地区清代中叶兼容吴徽文化的民间建筑风格与石雕、砖雕、木雕艺术，以及富有深厚底蕴的传统文化。发掘潘尔丰经营米行赈灾济民轶事，反映三山岛清代商贸经济和社会发展的概况。薛家祠堂规划为三山岛地质变迁和人文历史演变的展示馆，介绍岛屿的形成和发展，以及人口和氏族沿革、生态资源和社会发展概貌。

第四章 村庄建设发展规划

第25条 空间布局规划

规划用地主要包括村民住宅用地、村庄公共服务设施用地、村庄产业用地、村庄基础设施用地、水域、农林用地及其他非建设用地（附表2-9）。

规划用地平衡表　　　　　　　　　　　　　　　　附表2-9

类别代号	用地类型	面积（公顷）	比例（%）
	合计	192.6	100
V1	村民住宅用地	23.46	12.18
V2	村庄公共服务用地	5.87	3.05
V3	村庄产业用地	9.23	4.79
V4	村庄基础设施用地	9.81	5.09
E1	水域	7.93	4.12
E2	农林用地	126.6	65.73
E9	其他非建设用地	9.7	5.04

第26条 产业布局规划

结合三山村资源特点，三山村发展的产业主要包括生态农业、文化旅游与休闲度假产业，形成"两区十园"的产业格局。"两区"指吴文化旅游区和生态旅游区。"十园"指十个生态农业园，包括桔园、银杏园、竹园、梅园、枇杷园、醉菊园、茶园、香樟园、枣园和橡园。

第27条 住宅规划

（1）山东村和小姑村不再新建居民住宅，并适当实施搬迁，进入规划中的成片安置区。

（2）限制西湖堡村和东泊村新建居民住宅，并有计划地引导进入规划中的成片安置区。

（3）在桥头村、西湖堡村和东泊村交接的腹地，规划村民集中成片安置区，用地规模共计0.9公顷。以传统院落式新苏式建筑为主，低层低密度，穿插于古枣树、古橘树之间，容积率控制在0.8~1.0。

（4）桥头村保护范围内禁止新建、扩建（含加层）和擅自改建住宅建筑。

第28条 公共服务设施及道路系统规划

（1）公共设施规划

结合旧村拆迁与集中安置工程，配套建设医疗（门诊室）、文化体育（社区活动中心与活动场地）等设施，修缮村内宗教文化设施（宗祠、祠堂）。

（2）道路系统规划

以步行和自行车为主，倡导慢行交通，游憩、健身与生活相结合。

规划道路形成村庄主要道路、次要道路和巷路的路网格局。道路宽度控制：村庄主要道路宽度5～7米，村庄次要道路宽度3～5米，巷路宽度1～3米。巷路保持其传统的路面宽度、风貌、路面材质。

第29条 绿地规划

绿地规划四个层次：山体果林、公园绿地、路旁绿地和庭院绿地。

第30条 给水工程规划

（1）用水量预测：以最高峰人口预测三山村最高日用水量为970立方米/日。

（2）给水方式：三山村采用集中供水为主，以分散式供水为辅的形式并存。

（3）水源规划：三山村建设集中式自来水厂，原水引自太湖地表水；分散式用户可根据自身情况，采用自打井的方式，取地下水为水源。

（4）给水设施规划：在三山村北侧临水地段，保留现状自来水厂一座，规模1000立方米/日，占地5600平方米，原水以太湖水为主供水水源。

（5）管网规划：以自来水处理站为中心，给水管呈环状与枝状相结合的布置形式，主干管管径为200毫米、150毫米和100毫米，支管管径为80毫米。

（6）消防供水规划：规划范围内消防用水采用与生活用水合用的同一供水系统。消防栓为地上式，在主要路口及沿街布置，间隔70～80米设置一个。

（7）水源的保护：取水点周围半径100米的水域内为水源核心保护区，严格控制污染活动；取水点周围半径500米以外的一定范围划分为水源保护区，严格控制污染物排放量。

第31条 排水工程规划

（1）排水体制：三山村排水体制采用雨污分流制。

（2）污水工程规划：三山村平均日总污水量为624立方米/日，规划设污水处理站四座。保留污水处理站两座；改建或扩建污水处理厂两座，采用地埋式一体化污水处理设施。污水处理深度为二级生化处理。污水管网呈枝状布置形式，覆盖率100%。污水干管管径为d300毫米～d400毫米，支管管径为200毫米。居民区的污水宜就近生态化处理后再排入污水管内。

（3）雨水工程规划：采用苏州市暴雨强度公式，暴雨重现期采用一年。雨水管网采用明渠、暗渠相结合的形式，覆盖率达到100%。

雨水管渠布置道路下，沿规划道路布置d500–B×H=1.5×1.2米的雨水管渠。其余排水主管径为800毫米、600毫米和500毫米，支管管径为300毫米。

第32条 供电工程规划

（1）电力负荷预测：三山村总电力负荷为4328千瓦，负荷密度为15千瓦/公顷。

（2）电源规划：三山村电源主要由规划范围北侧10千伏水下电缆自东山风景区电网引入。

（3）10千伏及低压电网规划：三山村北部区域规划10千伏开闭所一座，容量约4300千伏安，采用附属式方式布置，建筑面积为200平方米。建成10千伏配电所九座，可采用箱式配电站。

（4）电缆线路规划：10千伏线路可沿人行道架空架设，远期可采用入地电力排管方式敷设，电力排管采用Φ100毫米。

第33条 通信工程规划

（1）通信量预测：固定电话预测1048线，宽带预测588线，有线电视预测588线。

（2）电信工程：规划在三山村上设置一座电信接入点，预留建筑面积200平方米，可与公共建筑合建，电信信号由东山风景区接入。

（3）有线广播电视工程：规划有线电视机房，与电信接入点共址，信号接自东山风景区。有线电视的普及率达到100%。

（4）邮政工程：规划邮政所或邮政代办点三座，建筑面积均为150平方米。

第34条 燃气工程规划

（1）燃气量预测：三山村总用气量为5.91万立方米/年。

（2）气源规划：气源采用船运的方式从区外运入罐装燃气。

（3）燃气设施规划：规划天然气门站一座，与天然气储配站合建，预留用地面积3500平方米。储存场地周围半径30米设定为保护区，不得建设任何性质的建筑。

（4）燃气管网规划：规划布置中低压管线沿村庄主要道路成环状布局，并于各村布置燃气调压站一座，共五座，燃气覆盖率达到100%。

第35条 环卫工程规划

（1）垃圾量预测：三山村日产垃圾总量为1.64吨/日。

（2）垃圾收运与处理：三山村垃圾收集后，经专用环卫车辆运输至垃圾转运站由环卫码头运出岛外，纳入东山镇垃圾处理系统处理。

（3）垃圾处理设施规划：规划小型垃圾转运站一座，与环卫码头合建，用地面积不小于300平方米。规划厨余垃圾处理站一座，用地面积650平方米。

（4）公共厕所规划：规划共设置11处公共厕所，其中改建七处，新建四处。

第36条 防洪规划

防太湖外洪：沿三山村环岛主干道规划建设沿路防洪堤，不低于20年一遇的防护等级标准。沿环岛防洪道路内测，局部规划建设池塘、芋区，作为防洪备用设施。

防山洪：北山与行山之间的宽阔谷地，规划建设山林植被、芋区截洪沟、荷花江防洪闸门与排涝泵站相结合的防洪生态系统与工程设施。

第37条　消防规划

（1）消防站点：规划在旅游服务中心处设立消防点，并成立村民志愿消防队。配备消防机械，灭火器、小型消防车、消防摩托车等。

（2）消防设施：沿主干道每隔120米需布置一个消防栓，沿次干道及支路有条件每隔70~80米设置一个消防栓，消防给水主要依靠三山村供水系统。沿太湖主干道、沿荷花江布置消防取水码头作为消防备用水源。积极鼓励、支持民居、院落设置消防水池及灭火器。

（3）消防通道：利用环岛路网和中心路的村庄主要道路形成消防通道。加强消防通道管理，保证消防车辆通行。

（4）消防隔离通道：三山村北山、行山、小姑山结合高压输电走廊，应开辟若干条防火隔离带，以有效应对突发山火。

第38条　抗震规划

（1）设防标准

三山村内新建建筑按照6度设防标准进行建设，既有传统建筑按照抗震烈度6度进行加固改造。

（2）避震疏散场地设置

疏散场地应结合规划布局统一布置，利用绿地、广场、田地林地等开敞空间作为避震疏散场地。结合旅游服务中心设立消防减灾服务点和医疗急救点。

（3）疏散通道

利用岛内主干道作为主要避震疏散通道。规划要求主要疏散通道两侧建筑倒塌后仍保持步行通行。

第39条　生态水环境保护

按照太湖流域一级保护区的要求，对生活污水、农业面源污染、初雨直排等采取水污染防治的措施，所有处理后的水在进入太湖前通过湿地作用达到太湖水质要求。

规划环太湖200米范围内禁止新增与生态保护和景点建设无关的建筑物，禁止新建、扩建向水体排放污染物的项目，城镇污水集中处理设施除外，禁止向太湖水域设置直接排污口，其他要求符合《江苏省太湖水污染防治条例》（2012）和《太湖风景名胜区总体规划（2010—2030）》等相关规定。

第五章　保护机制与实施措施

第40条　制度保障

（1）建立苏州市、吴中区、东山镇、三山村四级保护管理体制，明确责任义务。

苏州市人民政府负责组织编制本市历史文化名村保护整体实施方案，制定支持措施。吴中区人民政府负责三山历史文化名村保护项目的具体实施。东山镇人民政府应配备专门工作人员，配合做好监督管理。

三山村党支部书记和村委会主任要承担历史文化名村的具体保护管理工作，是规划编制组的主要成员。

（2）健全规划建设管理制度，严格执行行政许可制度；凡在三山历史文化名村保护范围内，新建、扩建必要的基础设施和公共服务设施的，村委会应逐级上报，由苏州市规划局批准。

（3）建立历史文化名村档案，实行公开化、信息化管理；统一设置历史文化名村保护标志，实行挂牌保护。

（4）实行行政问责制，对保护不力、造成历史文化名村严重破坏的行政领导和直接责任人追究行政责任。

第41条　机制保障

（1）为切实加强三山历史文化名村保护规划的实施管理，建议吴中区人民政府牵头、成立由区、镇、村三级共同组成的"苏州市吴中区历史文化名村保护管理委员会"，组织制定相关政策，统筹指导、落实和督查历史文化名村保护整治及资金筹措。

"苏州市吴中区历史文化名村保护管理委员会"下设日常办公机构，负责咨询、管理、监控、负责及时向保护委员会通报情况。

（2）建立专家咨询指导机制。聘请一名省级专家组成员，参与村内建设项目的决策和资金使用，现场指导传统建筑保护修缮等。对于重要保护发展项目的规划设计方案，聘请专家组进行技术审查。

（3）引进市场机制，成立由村集体控股的三山村资源保护和旅游开发有限公司，承担保护项目的立项报批、资金筹措、组织实施等市场运作。

（4）建立历史文化名村保护发展评估机制和危机处理机制。定期由苏州市主管部门组织专家按照历史文化名村档案和保护规划，对三山历史文化名村进行比对检查评估，并对一旦发生严重破坏事项，启动危机处理机制。

第42条　资金保障

（1）加大资金投入。大力发展旅游经济，反哺三山村经济收入，同时积极争取中央补助资金和省、市、区相关配套资金。

（2）按照"保护、利用、效益"原则，在政府主导下，引进市场化运作机制。

充分用好国家政策，通过土地流转、村民宅基地和建设用地功能优化调整、传统民居租赁和入股、合作互助等多种方式，盘活土地和传统建筑资产，按照保护规划进行合理更新利用。

（3）设立历史文化名村保护发展专项基金，用于三山历史文化名村保护项目的启动、宣传、研究和日常管理工作。

第43条　技术支持

（1）建立历史文化名村保护专家咨询制度。实施重要项目，邀请国家或省、市专家把关指导。每两年邀请专家对保护规划实施情况进行一次评估。

（2）市主管部门确定一名专家参与设计方案审查、专项资金把关和施工现场指导。

（3）规划、设计和施工应当委托相应资质和能力的专业单位承担，由具有经验的单位和技术人员负责施工，并采用相匹配的建筑材料和施工工艺。

第44条　公众参与

（1）要保障公众的知情权、参与权、监督权。通过各种群众性活动，提高社会各界和村民对三山历史文化名村的保护意识。确定为传统风貌建筑的所有者和使用者，应当按照保护规划要求进行维护和修缮。

（2）三山村村委会要根据保护规划，将历史文化名村保护要求纳入村规民约，发挥村民民主参与、民主决策、民主管理、民主监督的主体作用。反映村民的正当要求，对保护工作实施监督。

（3）在三山历史文化名村保护范围内，新建、扩建必要的基础设施和公共服务设施的，审批前应将审批事项予以公示，征求村民意见，告知利害关系人有要求举行听证的权利。

第45条　宣传教育

加大宣传教育力度，把历史文化名村保护发展摆上重要议事日程。制定历史文化名村保护知识的普及宣传和教育计划。寓教于乐，通过举办旅游节和各种形式的文化节、学术讲座、养生讲座、书画笔会、培训班、研讨会等活动，宣传三山村珍贵的自然生态资源、丰富的历史文化内涵，提高本村村民和外来游客的资源遗产保护意识和参与意识。

第46条　近期实施项目

根据三山历史文化名村保护工作的迫切性，确定近期实施项目：

（1）传统建筑的保护利用示范项目：薛家祠堂修复和清俭堂修复项目；

（2）历史街巷保护利用示范项目：桥头村先奇桥—顺济桥—观音堂丁字形历史街巷的整体保护与修复项目；

（3）历史环境要素保护利用示范项目：古码头、古桥、古井、古石碑、古树名木编制档案，挂牌示范。

第六章　附则

第47条　规划成果

本规划由规划文本、规划图纸和附件（说明书、基础资料汇编）。

三部分组成，其中规划文本与规划图纸配合使用，两者具有同等法律效力。

第48条　规划管理

本规划由江苏省人民政府审批，苏州市规划行政主管部门负责解释。

第49条　本规划自批准之日起实施。

参考文献

[1] 北京瑞德瀚达城市建筑规划设计有限公司. 苏州三山岛传统村落保护发展规划研究[R]. 2014.

[2] 北京瑞德瀚达城市建筑规划设计有限公司. 苏州三山岛传统村落保护发展规划（2013—2030）[R]. 2014.

[3] 北京瑞德瀚达城市建筑规划设计有限公司. 中国传统村落江苏省苏州市吴中区东山镇三山村档案[R]. 2014.

[4] 北京瑞德瀚达城市建筑规划设计有限公司. 苏州市东山镇历史文化名村（保护）规划2014—2020说明书基础资料汇编[R]. 2014.

[5] 北京瑞德瀚达城市建筑规划设计有限公司. 苏州市东山镇历史文化名村（保护）规划2014—2020规划文本、图纸[R]. 2014.

[6] 业祖润. 传统聚落环境空间结构探析[J]. 建筑学报, 2001.

[7] 徐国保. 吴文化的根基与文脉[M]. 南京：东南大学出版社, 2008.

后记

在2014年公布的第一批列入中央财政支持范围的中国传统村落名单中，江苏省有四个村落入围，它们都在苏州。再细看，这四个传统村落分别为东山镇陆巷古村、三山村、金庭镇明月湾村和东村，都在太湖之滨，相距并不远，而正是因为如此，才使得这里包括这四大村落在内的古村落群具有更好的基础，得到了更好的保护。1994年太湖大桥全面贯通投入使用，连接了胥口与西山岛，如今从苏州市区出发，一个多小时就能轻松抵达。但是在二十多年前，还没有建成太湖大桥的时候，东山、西山的村民出行只能靠轮渡或者自行驾驶的小船。虽说水运发达，但水上交通始终不如陆路便利，也正因为这个原因，东、西山的经济一直不能迅速发展。

不过，对于岛上的古村而言，却是因偏得福。一方面，交通的不便使得岛外进来的人很少，这在很大程度上防止了古村被破坏；另一方面，由于交通闭塞，当地经济一直发展不起来，许多年轻人离开去岛外打工，古宅虽然经久失修，却也有幸保存了原始的建筑构造。

本书是笔者通过走访太湖流域传统村落调研后，及向有关部门和同行收集历史文献、相关规划资料后形成的一份编著作品，在编著过程中，感谢研究所内各位领导及同事的大力支持，并感谢热心提供规划资料的曹昌智老师及诸位同行朋友。

图书在版编目（CIP）数据

太湖流域传统村落规划改造和功能提升：三山岛村传统村落保护与发展 / 刘晓峰，李霞，周丹编著 . —北京：中国建筑工业出版社，2018.12

（中国传统村落保护与发展系列丛书）

ISBN 978-7-112-23000-6

Ⅰ.①太… Ⅱ.①刘… ②李… ③周… Ⅲ.①村落-乡村规划-苏州 Ⅳ.①TU982.295.33

中国版本图书馆CIP数据核字（2018）第269010号

本书前三章从太湖流域传统村落的演化与发展历程引出，针对吴文化特征对本地区传统村落的影响做分析及阐述，详细讲述太湖东山镇三山岛上三山村传统村落发展与演化历程、历史沿革及建制沿革。从第四章开始，重点讲述针对三山村进行的传统村落规划改造和民居功能综合提升实施方案的内容。通过大量的基础资料介绍与分析，使专业读者对这座太湖流域的重要村落目前所做的保护工作产生清晰的认识，非专业读者也可以更加深入地了解太湖流域的历史文化底蕴及传统村落发展历程。本书适用于建筑学、城市规划、文化遗产保护等专业领域的学者、专家、师生，以及村镇政府机构等人员阅读。

责任编辑：张　华　胡永旭　唐　旭　吴　绫　孙　硕　李东禧
版式设计：锋尚设计
责任校对：王　烨

中国传统村落保护与发展系列丛书
太湖流域传统村落规划改造和功能提升
——三山岛村传统村落保护与发展
刘晓峰　李　霞　周　丹　编著

*

中国建筑工业出版社出版、发行（北京海淀三里河路9号）
各地新华书店、建筑书店经销
北京锋尚制版有限公司制版
北京富诚彩色印刷有限公司印刷

*

开本：880×1230毫米　1/16　印张：12　字数：253千字
2018年12月第一版　2018年12月第一次印刷
定价：138.00元
ISBN 978-7-112-23000-6
（33088）

版权所有　翻印必究
如有印装质量问题，可寄本社退换
（邮政编码100037）